세밀화로 보는

채소의 역사

A potted

history of

Vegetables

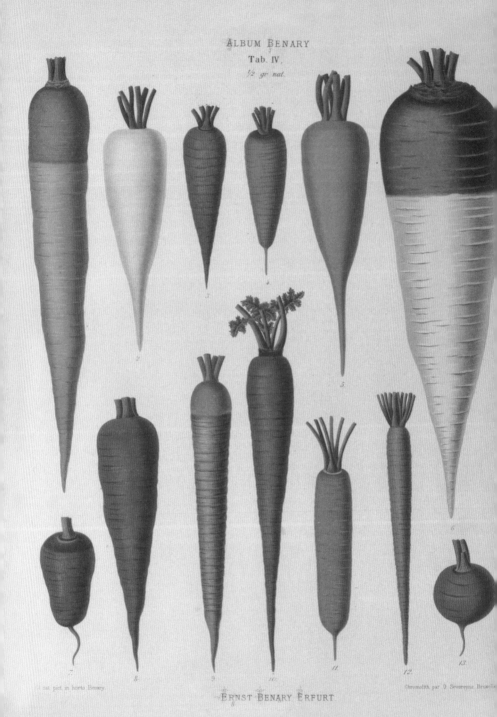

ad nat. pict. in horto Benary.

Chromolith par G. Severeyns, Bruxelles

ERNST BENARY ERFURT.

세밀화로 보는

채소의 역사

로레인 해리슨 지음 | 정은지 옮김

A potted
history of

Vegetables

A POTTED HISTORY OF VEGETABLES

서문

이 매혹적이고 유익한 작은 책을 읽기 시작하자, 2009년 8월 뉴욕에서 더위에 시달리던 일주일이 떠올랐다. 나는 웨스트 32번가의 이름 높은(악명 높은?) 첼시 호텔에 머물고 있었다. 제멋대로 뻗어 있는 이 10층 건물은 전에는 아파트였다. 여기에 피난처를 구한 대중음악과 시문학계의 식자들 중에는 밥 딜런, 앨런 긴즈버그, 지미 헨드릭스, 윌리엄 버로스, 딜런 토마스도 있었다. 내 방은 일반실들 중 하나였다. 에어컨이 없었고 밀실 공포증을 자아내는 분위기였다. 거대한 냉장고의 모터가 왈각달각하는 특유의 소리를 냈고, 그 때문에 방의 온도 또한 한층 올라갔다. 첼시 호텔에는 식당이 없다. 하지만 직거래 장터 농산물이 가득한 델리와 테이크아웃 전문점들이 즐비하게 늘어선 지역에 자리잡고 있었다. 아주 낡고 불안정한 켈비네이터 냉장고와 나는 곧 좋은 친구가 되었다. 오늘 고른 뉴욕 델리는 에덴동산이다. 이국적인 한입거리 음식들을 계산하려고 줄을 서 있는데, 생각은 동쪽으로 3000마일쯤 날아가 대서양 반대편으로 갔다. 그곳에는 비록 다채롭지는 않지만 비옥한 나의 채마밭이 있었다. 완두콩, 아스파라거스, 잠두, 왁시 포테이토, 샐러드용 어린잎채소가 우리 가족이 여러 날을 먹고살 수 있도록 도움을 주고 있었다.

우리 아버지는 2차 세계대전에 뒤이은 궁핍기에 굶주린 가족을 위해 텃밭에서 싱싱한 과일과 채소를 재배했다. 나는 그때부터 가정 재배 식품의 역사, 기원, 재배, 섭취에 관심을 기울이게 되었다. 돌이켜보면 런던에서 일하던 시절, 내 '텃밭'이 하나뿐인 북향 창가에 놓인 상자였던 때조차, 나는 근사한 프렌치 타라곤을 재배하고 있었다. 아아, 그 무렵에는 나를 인도해줄 로레인 해리스가 없었다. 하지만 나와 비슷하게 신선한 채소들을 갈망하는 재배자들이라면 이 책에서 많은 것을 얻을 것이다. (영국 시인 로버트 사우디가 1820년 썼듯이) 1온스의 사랑은 정말이지 1파운드의 지식만큼 가치가 있을지 모른다. 하지만 우리만의 식품을 재배하고, 그 기원을 다소나마 알게 되면 우리의 소비 품목에 대해 관심이 생기기 시작한다. 그리고 우리가 먹는 식물들을 지탱하는 토지를 배려하는 마음이 생긴다. 더불어 참살이와 자연 자체를 폭넓게 이해할 수 있다. 이를테면 우리가 좋아하는 작가들, 가수들, 배우들의 삶과 업적을 알게 되면, 그들의 작품을 더 즐길 수 있듯이. 그러므로 이 책은 어떤 관점에서 보면 팬을 위한 소식지라고 할 수 있다. 다시 말해 비밀스러운 정보의 유쾌한 단편들을 캐는 것이다. 약속하지만, 이 정보는 당신의 '먹는다'는 경험을 한층 끌어올릴 것이다. 쉽게 접근하기는 어렵겠지만, 우월한 미식 세계에 속하는 맛과 식감의 원천인 '잃어버린' 토종 품종을 발견할 수 있을 것이다.

데이비드 휠러
〈호르투스〉*의 편집자

---

* 영국 원예 잡지

고추

PEPPER
Capsicum spp.
●
가지과 SOLANACEAE

밝게 빛나는 열매의 맵고 자극적인 맛을 보면 고추라는 식물이 수세기 동안 인류를 매혹시킨 일이 놀랍지 않다. 고추는 약 1만 년 전, 남미와 중미에서 처음 야생으로 수확되었다. 최소 기원전 3300년부터 경작해온 듯하다. 16세기에 크리스토퍼 콜럼버스가 귀국길에 고추를 가져오면서 유럽에 전해졌다. 이 진기하고 매력적인 이국 식물은 이후 세계 전역으로 급속히 퍼져서 많은 요리의 필수 재료가 되었다.

단 고추종에 속하는 피망은 인기가 많다. 모양과 크기가 다양하며 색도 갈색, 녹색, 오렌지색, 보라색, 빨간색, 하얀색, 노란색으로 다채롭다. 열매가 익어감에 따라 당도가 증가하므로 더 달콤하고 먹기 편해진다(덜 익은 녹색 피망은 특히 쓴맛이 날 수 있다). 매운 고추는 보통 단 고추보다 크기가 작은데 역시나 형태, 크기, 빛깔이 다양하다. 하지

〈스페인 고추〉

에른스트 베나리 (1819~1893)

출전 - 베나리 화집 / 다색 석판화: G. 세브랭

만 가장 중요한 것은 상대적으로 매운 정도이다. 이거야말로 여러 고추 품종들의 차이를 가장 잘 보여준다(예를 들어, 아바네로는 할라페뇨보다 100배 맵다). 고추에는 종류별로 매운 정도를 측정하는 전용 시스템이 있는데 이를 스코빌 척도라고 한다(23페이지 참고). 경험적으로 보아 고추 크기가 작을수록 더 매운 맛이 나며 말린 고추가 날고추보다 훨씬 맵다.

콩과 사마귀　　전설에 의하면 효과적인 사마귀 치료법은 콩을 (사마귀 하나당 하나씩) 종이에 싸서 이 오래된 영국 속담을 외우며 땅에 묻는 것이라고 한다. "이 콩이 썩어 없어지면 내 사마귀도 곧 사라지리라." 그 후, 콩이 삭아서 없어지면 사마귀도 그렇게 된다나!

종자 보존자들　　재배자는 종자 품종을 선택할 때 때때로 믿을 만하고 검증된 품종보다 새롭고 실험적인 품종을 높이 산다. 동그랗고 노란 주키니호박도 구할 수 있는데, 왜 항상 길쭉한 녹색 호박만 재배한단 말인가? 보라색, 오렌지색, 노란색 바탕에 줄무늬가 그어져 있거나 하트 모양을 한 토마토도 똑같이 맛있다면, 왜 둥글고 빨간 종류만 선택하겠는가? 가정 재배자들은 이런 선택의 여지가 있지만 구매자들은 선택의 폭이 좁다. 하지만 최근 몇 년 사이, 재배자들이 거대 회사들의 공급 통제, 특히 채소와 과일의 종자 공급 통제 우려를 표하는 경우가 점점 늘어나고 있다. 현재 판매되고 있는 종자들은 잡종 1세대이다. 이는 식물에 꽃이 핀 다음 맺힌 종자를 거두어 저장했다가 파종할 수 없다는 뜻이다. 이 품종들은 전통적인 자연수분 품종들과 달리 생존이 불가능하기(종자가 맺히지 않거나 혹은 퇴화한다) 때문이다. 따라서 철마다 새로운 종자를 구매해야 한다.

비싼 종자 가격은 서구 사회의 재배자들의 짜증을 유발하고 개발도상 지역의 영세 농민들의 삶을 고되고 어렵게 만든다. 주요 공급자들이 대규모 상업적 식량 생산에 최적화된 품종들의 개발에만 집중하면서 구할 수 있는 종자들이 급격히 감소했다. 맛, 다양성, 지역별 적합성 같은 자질들은 병해저항성, 풍작, 장기 저장성, (종종 덜 익은 채로 수송하긴 해도) 손상 없는 장거리 수송에 비하면 모두 부차적 요인에 불과하다.

고맙게도 재배자들이 이런 흐름에 항의하여 들고 일어나 자연수분이라는 유산 및 토종 재배 품종의 공급을 요구한 결과, 구할 수 있는 채소와 과일 품종이 증가하고 있다. 많은 재배자들은 전통 종자 보존 기술을 재발견했고 지역 종자 교환 이벤트에서 자신들의 수확물을 자유롭게 교환하고 있다.

아름다운 콩　아치나 장대 버팀목을 뒤덮은 홍화채두가 없는 여름 텃밭은 왠지 빈약해 보인다. 이 식물의 풍성하고 사랑스러운 붉은 꽃을 눈여겨보면 왜 17세기 영국에서 이 콩을 순수하게 장식용으로만 재배했는지 쉽게 알 수 있다. 이 콩이 영국에 어떻게 들어왔는지에 대해서는 논란의 여지가 있다. 어떤 설명에 의하면 1633년 북미로부터 홍화채두를 처음 들여온 이는 찰스 1세의 정원사인 존 트레이즈캔트(1608~62)였다. 또 다른 자료에 의하면 17세기 중반의 런던 대주교 헨리 콤프턴(1632~1713)이 이 콩을 멕시코로부터 들여왔다. 사실이야 어떻든 이 콩이 음식으로서의 자질을 완전히 인정받은 것은 그로부터 족히 한 세기가 지난 후의 일이다. 요즘은 '페인티드 레이디' 품종이 널리 재배되고 있는데, 하양과 빨강으로 얼룩진 빛깔은 근사한 맛 못지않게 높이 평가되고 있다. 전설에 의하면 이 이름은 얼굴에 하얀 호분과 연지를 두텁게 바르던 엘리자베스 1세를 따라 지었다.

카르둔의 간단한 역사　희한한 식용 엉겅퀴 카르둔은 지중해 지역에서 수천 년 동안 재배되었다. 플리니(23~79)가 카르둔의 약용 성분을 칭송했다고 한다. 이 식물은 18세기에 북미로 들어왔는데 종종 '텍사스 셀러리'로 불리기도 한다.

카르둔과 글로브 아티초크는 종종 동일한 식물로 오해받는다. 하지만 서로 다른 부분을 먹는다. 카르둔이라는 거대한 식물에서 두상화가 아니라, 아래쪽의 줄기 혹은 립이라고 부르는 부분을 먹는다. 카르둔은 먼저 쓴맛을 완전히 제거하기 위해 탈색해야 한다. 그러기 위해서 다 자랄 때까지 기다렸다가 땅 위 약 6인치 높이에서 줄기를 베어낸다.

카르둔에서 가치 있는 부분은 연녹색 순이다. 이 부분이 2피트 높이에 달하면 조금이라도 하자가 있는 순은 제거하고 부드러운 노끈을 이용해 원통형 다발로 묶는다. 그리고 판지로 싸서 끈으로 고정시킨다(전통적으로는 짚과 고리버들이 사용되었으며, 밖에 퇴비를 쌓아 탈색 과정을 촉진했다). 약 한 달 후에 줄기가 탈색되면 맨 밑동을 잘라내야 한다.

잎은 제외하고 데친 줄기만 조리용으로 손질한다. 맛은 아티초크와 대단히 흡사하다. 관심을 둘 만한 토종 품종으로는 줄기에 매우 뾰족한 가시가 달린 '튀니지의 가시'와 가시가 없는 '가시 없는 하양'이 있다.

순무

TURNIP

Brassica rapa var. rapifera

●

십자화과 BRASSICACEAE

북유럽이 원산인 뿌리채소 순무는 역사적으로 가난한 자의 음식으로 여겨졌다. 그뿐 아니라 너무 오래 삶아버리는 모욕을 감수해야 했다. 그 결과 순무는 여전히 다소 과소평가받고 있다. 이는 부끄러운 일이다. 봄철 자그마할 때 수확한 것을 강판에 갈아 샐러드에 넣거나, 버터에 재빨리 볶거나, 살짝 찌면 순무는 달콤함에서부터 매콤함까지 다양한 맛을 선사하는 맛있고 섬세한 채소이기 때문이다.

초록, 하양, 노랑에서 보라, 검정에 이르는 껍질과 이에 감싸인 하얗거나 연노란 과육까지 토종 순무 재배자들이 선택할 수 있는 빛깔의 범위는 넓다. 19세기의 영국 재배 품종 '애버딘 그린 탑 옐로'('그린 탑 스코치'로도 통한다)는 껍질은 노란데, 뿌리 쪽으로 가면 보라색으로 바뀌며, 잎은 짙은 녹색이다. 같은 시기의 프랑스 재배 품종 '드 크루아 시'는 껍질과 과육이 순수한 하얀색이고 과일 향이 나며 맛은 자극적

Navel remarquable par sa Grandeur des tous de M.r thomas de Schictere de Leghem
à Leghem en 1804, il pèse approchant 5½ livres, poid de Bruxel ...

〈엄청 큰 순무…〉
어느 플랑드르 화가의 구아슈화 (연대 미상)
출전– 야채 모음집 / 요제프 판 호이르네 남작 (1790~1820)

이다. 역시 껍질과 과육이 하얀 것으로 아주 오래된 유럽 재배 품종 '얼리 화이트 밀라노'가 있는데, 가끔 '화이트 스트랩-리브드 아메리칸 스톤'으로도 불린다. 껍질이 보랏빛을 띤 품종이니 '퍼플 탑 밀라노'(혹은 '레드-탑 스트랩-리브드 아메리칸 스톤')으로 불릴 만도 하다. 또 다른 19세기 프랑스 출신 '롱 블랙'은 검은 껍질과 하얀 과육, 그리고 버터 같은 단맛을 자랑한다. 한편 일본의 '스칼렛 볼'은 붉은 껍질과 붉은 잎맥이 매혹적인 잎을 갖고 있다.

윤작　최고의 가정 재배자라면 적절한 윤작을 실천하기 위해 노력할 것이다. 매년 한 종류의 작물을 심은 텃밭에는 다른 군의 식물들을 번갈아 심어가며 경작해야 한다. 토양에서 특정 작물 군에 필요한 양분이 고갈되는 것을 막기 위해서이다. 해당 텃밭의 크기에 따라 3, 4, 5년 주기로 윤작을 해야 한다. 다음은 간단한 3년 윤작의 예다.

1년	**2년**
1번 텃밭 – A 그룹 : 콩, 셀러리, 옥수수, 양파, 리크, 상추, 완두콩, 시금치, 토마토, 주키니호박.	**1번 텃밭 – C 그룹**
	2번 텃밭 – A 그룹
2번 텃밭 – B 그룹 : 방울양배추, 브로콜리, 양배추, 콜리플라워, 콜라비, 무, 루타베가, 순무.	**3번 텃밭 – B그룹**
	3년
3번 텃밭 – C 그룹 : 비트, 벨지언 엔다이브, 당근, 예루살렘 아티초크, 파스닙, 감자.	**1번 텃밭 – B 그룹**
	2번 텃밭 – C그룹
	3번 텃밭 – A 그룹

감자에 대한 몇 가지 사실

한낱 동물 사료에 불과한 것으로 알려진 감자를 여왕에게도 걸맞은 식품으로 인식을 바꾸기 위해 앙투안 오귀스트 파르망티에(1731~1813)는 감자꽃으로 만든 꽃다발을 마리 앙투아네트에게 진상했다. 프랑스 정부는 1748년 감자 경작을 금지했다. 감자가 만병의 근원이라고 생각했기 때문이다. 감자는 1772년에 이르러서야 식용으로 공식 선언되었다. 재배 품종은 무수히 많은데 철에 따라 조생종, 중생종, 만생종으로 분류된다. 감자는 서늘하고 어두운 곳에 저장해야 하지만 냉장고에 두면 절대 안 된다(너무 낮은 기온은 감자의 전분을 당으로 바꾼다). 감자의 영양소(비타민 C, 비타민 B군, 칼륨, 칼슘, 철)를 최대로 유지하려면 껍질을 벗기지 말아야 한다. 감자의 귀중한 영양소는 대부분 껍질 바로 밑에 있으며 껍질은 섬유질도 제공하기 때문이다.

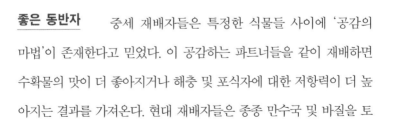

좋은 동반자   중세 재배자들은 특정한 식물들 사이에 '공감의 마법'이 존재한다고 믿었다. 이 공감하는 파트너들을 같이 재배하면 수확물의 맛이 더 좋아지거나 해충 및 포식자에 대한 저항력이 더 높아지는 결과를 가져온다. 현대 재배자들은 종종 만수국 및 바질을 토마토와 나란히 재배한다. 이 동반 파종법으로 작물의 건강과 맛을 훨씬 개선할 수 있기 때문이다. 사랑스러운 만수국의 선명한 황금빛은 감자와 양배추 해충들을 마구 먹어치우는 물결넓적꽃등에가 보기에 분명 매혹적이다. 그 밖에 맛을 개선시키는 조합으로는 당근과 양파, 옥수수와 감자, 처빌과 무가 있다. 또한 당근 재배자들은 당근들 사이로 골파도 몇 줄 심어야 한다. 이 허브의 얼얼한 냄새가 사냥감을 찾는 당근파리를 쫓아내기 때문이다.

이러한 특정 조합 재배의 잠재적 이득에도 불구하고, 하나의 재배 시스템으로 더 다양한 종을 기를수록 식물, 곤충, 동물의 삶이 더 건강하고 활기차다는 사실이 널리 인정되고 있다. 그리고 마땅히 그래야 한다!

승리의 정원　1917년 3월, 1차 세계대전에 뛰어들기 직전 미국 전쟁 가든 위원회가 발족되었다. 위원회의 목적은 영국의 "승리를 위한 경작"과 아주 비슷했다. 전쟁 보급품을 조달하기 위해 미국 시민들의 식량 재배를 장려하는 게 목적이었다. 당시의 포스터는 "당신은 승리에 일조할 것인가?"라는 표어와 함께 한 여자가 성조기를 걸치고 승리의 씨앗(어쩌면 '미국의 상징'인 토종 리크이려나?)을 뿌리는 모습을 보여주고 있다. 승리의 정원 운동은 2차 세계대전 때 그 못지않게 열렬한 용어인 '자유의 정원'이라는 주호와 더불어 부활했다. 전쟁 막바지에는 정원 군대 학교에 150만 명의 어린이 회원이 있었다.

2008년에는 샌프란시스코 시빅 센터에서 승리의 정원이 만들어지면서 이 아이디어가 부활했다. 열정적인 재배자들은 도시의 지속 가능성과 "지역 식품을 보존하고 푸드마일을 줄이기 위해" 가정 재배가 더욱 필요하다는 맥락에서 '승리'를 재정의했다. 승리의 정원은 이듬해인 2009년에 영부인 미셸 오바마가 삽을 든 초등학생들의 도움을 받아 백악관 잔디밭의 일부를 파헤쳐서 21세기의 승리의 정원을 만든 때 절정에 이르렀다. 이 아이디어는 국제 정원 재배자 모임의 '자연을 먹자' 운동에서 영감을 받은 것으로 먹을 수 있는 경관의 창조를 장려하고 있다. 재배자들이라면 다들 알고 있듯이 뿌린 만큼 거두는 법이다.

토마토

TOMATO
Lycopersicon lycopersicum

●

가지과 SOLANACEAE

잉카인과 아스텍인은 페루 안데스 산맥의 계곡에서 자라던 야생 토마토를 처음 수확하고 식용으로 사용했다. 서기 500년경의 북미 원주민은 토마토를 수확하고 재배했다. 유럽인들은 16세기 스페인 정복자들이 귀국하며 멕시코 및 중앙아메리카로부터 종자를 들여올 때까지 이 채소의 놀라운 맛을 즐기지 못했다. 이 새로운 종자를 처음 제대로 인정한 사람들은 스페인, 포르투갈, 이탈리아 인이었다. 다른 나라들은 토마토를 훨씬 뒤에야 먹어보았는데 밝은 빛깔의 토마토를 믿지 못한 나머지 식용으로 사용하지 않고 장식품으로 취급했다.

과거에는 토마토의 명확한 정의를 두고 놀라울 정도로 열정적인 논쟁이 벌어졌다. 토마토는 과일인가, 아니면 채소인가? 1893년 미국 대법원이 토마토는 채소라고 판결하면서 마침내 이 골치 아픈 문제

〈토마토〉

에른스트 베나리 (1819~1893)

출전– 베나리 화집 / 다색 석판화: G. 세브랭

에 종지부를 찍었다.

　토마토에 대해서라면 가정 재배자들은 상업 재배자들보다 훨씬 유리한 상황이다. 흥미롭고 맛있는 품종들을 쉽게 파종할 수 있기 때문이다. 토마토의 형태는 둥근 것에서부터 하트, 배, 자두 모양에 이른다. 색은 빨강, 분홍, 오렌지, 노랑, 하양, 초록, 보라색을 띠는데 두 가지 색깔이 합쳐진 것이나 줄무늬도 있다. 토마토는 비프스테이크 품종처럼 크고 무거울 수도 있고, 방울토마토처럼 한입에 들어갈 정도로 작을 수도 있다. 토마토는 무수히 많은 방법으로 조리할 수 있을 뿐 아니라, 영양가가 높고 질병을 예방하는 효과가 있는데 이런 점에서는 경쟁 상대가 거의 없다.

고추의 매운 정도　고추의 (그리고 고추로 만든 음식의) 상대적인 매운 정도를 측정하는 것은 일종의 과학이 되었다. 1912년 윌버 L. 스코빌(1865~1942)은 (입을 달아오르게 만드는 물질인) 캡사이신 화합물의 농도를 측정하는 스코빌 감각 수용성 검사를 고안했다. 고압 액체 크로마토그래피가 매운맛을 결정하는 보다 정확한 방법임에도 불구하고, 스코빌 척도로 통하는 이 지수는 여전히 사용되고 있다. 고추의 상대적인 매운 정도는 동일한 품종 내에서조차 대단히 다양하다. 햇빛을 받은 시간, 생장 기온, 습도, 토양의 종류, 비옥도 같은 요소들이 매운맛을 결정하는 역할을 한다. 다음은 몇몇 고추 품종들과 그에 대한 스코빌 매운맛 단위(SHU)의 예다.

거인과 난장이   호박 혹은 스쿼시는 아마도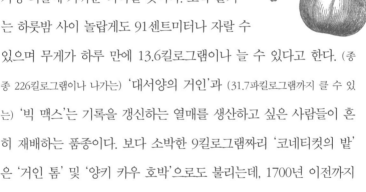
재배자가 텃밭에서 키울 수 있는 채소 중
가장 괴물에 가까운 녀석일 것이다. 호박 줄기
는 하룻밤 사이 놀랍게도 91센트미터나 자랄 수
있으며 무게가 하루 만에 13.6킬로그램이나 늘 수 있다고 한다. (종
종 226킬로그램이나 나가는) '대서양의 거인'과 (31.7파킬로그램까지 클 수 있
는) '빅 맥스'는 기록을 갱신하는 열매를 생산하고 싶은 사람들이 흔
히 재배하는 품종이다. 보다 소박한 9킬로그램짜리 '코네티컷의 밭'
은 '거인 톰' 및 '양키 카우 호박'으로도 불리는데, 1700년 이전까지
거슬러 올라가는 오래된 미국 토종 품종이다. 아주 작은 것도 있는데
예를 들면 사랑스러운 '꼬맹이 잭'으로, 요리하기도 좋고 보관하기도
좋은 오렌지빛 과육의 미니 호박이다.

예루살렘 아티초크에 대한 몇 가지 사실   이 뿌리채소에 대해 누구
나 알 수 있는 한 가지 불운한 사실은 소화관 내에서 가스를 발생시
킨다는 것이다. 하지만 이러한 단점을 능가하는 매력적인 특성들을

갖고 있다. 이름은 그렇지만 예루살렘 아티초크는 북아메리카가 원산이다. (해바라기의 덩이줄기 종이기 때문에) 종종 "선초크"라고 불리는데 베이지에서 적갈색에 이르는 빛깔이고 견과류 향을 풍기며 영양가가 대단히 높다. 지독한 냄새를 누그러뜨리려면 잘 익혀야 한다(특히 훌륭한 수프를 만들 수 있다). 사실 북미 원주민들은 전통적으로 예루살렘 아티초크를 구덩이 속에서 이틀까지 구웠다.

토종 토마토를 기르는 법

만일 당신이 한 가지 작물만 재배하겠다고 하면 반드시 토마토를 심으라고 권하겠다. 토마토는 많이 재배할수록 더 즐겁다! 보랏빛에서 노랑, 분홍 그리고 빨강과 녹색이 뒤섞인 다양한 빛깔의 방울, 플럼, 비프스테이크 품종들을 골라 보시라.

1 종자를 실내의 작은 화분 혹은 상자에 파종한다. 보통 거주 지역에 마지막 서리가 내리는 시점보다 대략 6주에서 8주 전에 파종해야 한다. 적당한 온기는 발아를 돕는다.

2 ('이빨'이 있어 가장자리가 들쑥날쑥한) 첫 번째 본엽(本葉)이 나오면 식물을 지름 5~10센티미터의 화분으로 옮겨 심을 수 있다.

3 식물을 자라게 둔다. 만일 온실에서 재배할 생각이라면 큰 화분으로 옮겨 심는다. 노지 토마토는 야외에 심기 전에 추위에 적응 시켜야 한다. 서리의 위험이 모두 사라진 후, 화분들을 매일 몇 시간씩 밖에 내놓기 시작한다. 토마토를 심기 전 날씨에 적응시키는 것이다.

4 작은 식물을 큰 화분으로 옮겨 심건 아니면 야외로 옮겨 심건 간에, 전보다 더 깊이 심어야 튼튼하게 자랄 것이다. 이러면 줄기 밑동으로부터 새로운 뿌리들이 돋아나게 해서 토양에 보다 안전하게 뿌리내린다.

5 말뚝처럼 단단한 버팀대를 늘 제공해 식물의 성장에 맞추어 헐겁게 비끄러맨다.

6 주된 줄기와 곁가지들 사이에서 돋는 측지(側枝)들을 모두 따내면 더 많은 토마토가 열리게 된다.

7 물을 충분히 정기적으로 주고 주 1회 액체 비료를 살포한다. 유기 재배자는 보통 희석한 해조 추출물을 선호한다. 불규칙적으로 혹은 불충분하게 물을 주면 아직 덩굴에 달려 있는 토마토의 껍질이 갈라질 수 있다. 실내 토마토는 분무기로 물을 뿌려줘서 꽃이 열매를 맺도록 촉진해야 한다.

8 수확할 때는 토마토를 부드럽게 비틀어야 하며 잡아당겨서는 안 된다. 쉽사리 떨어지면 익은 것이다.

완두콩

PEA
Pisum sativum
●
콩과 FABACEAE

완두콩은 실로 오래전부터 재배되어온 채소이다. 아시아 원산으로 알려져 있다. 재배된 시점은 최소한 기원전 7800년까지 거슬러 올라간다. 중동 지역에서 야생종 완두콩을 수확해 선별 개량했다. 초기 재배자들은 완두콩을 높이 평가했다. 왜냐하면 경작하기 수월하고 말리면 저장하기 좋은 데다 훌륭한 단백질원이었기 때문이다 (완두콩에는 비타민 C 역시 많다).

특별할 것 없던 완두콩은 모라비아 수도사 그레고르 요한 멘델 (1822~84)이 과학 업적을 세우는 데 중요한 역할을 했다. 그는 실험을 통해 혁명적인 유전 과학을 확립했다. 멘델은 상이한 품종의 완두콩들을 잡종교배한 결과, 3대째 우성인자 출현을 예측할 수 있다는 사실을 발견했다.

셸링피스는 종종 가든피스, 그린피스, 잉글리시피스 등으로도 불

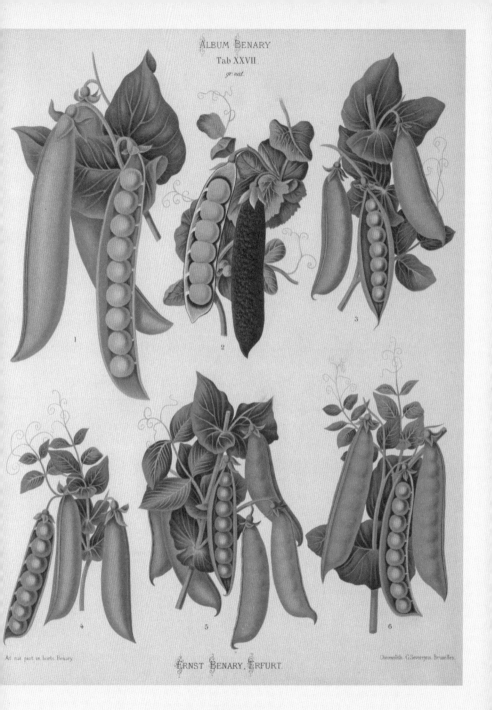

Ad nat. pict. in horb. Benary.

ERNST BENARY, ERFURT.

Chromolith. G.Severeyns. Bruxelles.

〈완두콩〉

에른스트 베나리 (1819~1893)

출전- 베나리 화집 / 다색 석판화: G. 세브랭

린다. 햇볕 속에 앉아 완두콩 깍지를 까는 것은 평화로운 취미들 중 하나다. 재배자들은 갓 깐 완두콩의 비할 데 없이 섬세하고 달콤한 맛에 대해 이야기하곤 한다. 완두콩은 특히 냉동하기 좋은 채소이기도 하다. 완전히 익기 전 수확한 완두콩을 신속하게 냉동하면 맛의 상당 부분이 보존된다. 높이 자라는 종류와 관목 종류 둘 다 구할 수 있다. '시의원'은 19세기에서부터 내려오는 훌륭한 품종으로 원뿔형 버팀대를 신속하게 뒤덮을 것이다. 관목 종류인 '난장이의 전화기'는 1888년 도입되었다.

전통 보존 방법들　　편리한 통조림 보관과 냉동 보관이 실행되고 전 세계를 대상으로 항공 식품 배송이 시작되기 이전에는 과일과 채소를 겨우내 저장해야 했다. 당근, 감자, 파스닙 같은 뿌리채소는 모래 속에 완전히 묻어서 건조하고 서늘한 광에 보관했다(오늘날에도 여전히 사용하는 방법이다). 양배추와 상추 같은 잎채소는 뿌리가 온전한 채로 수확한 후 실내의 흙 상자에 부분적으로 묻어서 신선함을 유지했다.

　보다 정교하고 시간이 걸리는 보존 방법을 보면, 이제 깡통따개로 손을 뻗는 일이 사치스러워 보일 지경이다! 그런 방법들 중 하나로 감자를 대량 저장할 때 사용하던 전통 방법인 흙으로 덮는 '클램프'가 있다. 거치적거릴 일 없는 텃밭 한구석에 자리를 잡고 깨끗한 짚을 바닥에 두툼하게 깔고는 그 위에 채소들을 쌓은 긴 이랑을 만든다. 거기에 짚을 올리고 다시 감자를 한 층 쌓은 후, 짚을 좀 더 더

한다. 감자가 "땀을 흘리지" 않게 하려면 통풍을 위한 공간을 남겨야 한다. 마지막으로, 전체를 흙으로 두텁게 덮는다. 이 흙은 감자가 필요할 때마다 걷어낸 다음 조심스럽게 다시 덮는다. 클램프 주위로 해자 비슷한 수로를 파서 빗물을 가둬 둔덕을 보송보송하게 유지한다. 당근 저장에도 동일한 방법이 사용되었다. 하지만 당근 잎이 달린 쪽을 바깥으로 놓다 보니 둥그런 당근 클램프는 특유의 이글루 형태를 띠게 되었다.

파스닙에 대한 몇 가지 사실

달콤한 파스닙은 중세에 식품 및 약품으로 높은 평가를 받았다. 파스닙은 치통, 복통, 발기부전을 완화한다고 여겼다. 오늘날 요리에서는 대개 당근 대신 사용한다. 이탈리아에서는 돼지에게 파스닙을 먹인다. 프로슈토(건염 햄)의 풍미가 높아진다고 믿기 때문이다. 파스닙은 카로티노이드, 비타민 C, 칼슘, 칼륨, 섬유질이 풍부하며, 첫 서리 후에 뽑으면 풍미가 훨씬 향상된다(그 즈음이면 전분이 당으로 바뀌어 더 달아진다). 오래된 품종으로는 '공허한 왕관'(혹은 '롱 저지'라고도 한다)이 있으며, 1897년 도입된 '상냥하고 진실한'이라는 품종은 당시 인기 있던 노래의 제목을 땄다고 한다!

잊혀진 채소들

미식에 관련한 프랑스인의 평판을 고려하면 세계에서 가장 정열적이고 혁신적인 재배자들 프랑스 출신이라는 사실에

놀라지 않을 것이다. 많은 미국인이 토종 품종을 선호하며 영국인은 전통 종자의 팬이다. 반면 프랑스인은 '레 레큄 우블리', 즉 잊혀진 채소들을 열정적으로 복원하고 있다.

토종 종자를 파종하는 법

실내 재배를 위한 컨테이너 파종법

1   새 발아용 배합토로 발아용 납작한 상자 혹은 화분을 테두리 2.5센티미터 밑까지 평평하게 채운다. 전 해의 화분에서 모은 오래된 배합토는 절대 쓰지 않는다. 왜냐하면 이후 식물 성장은 물론이고 종자 발아에도 악영향을 줄 수 있기 때문이다.

2   만일 미세종자를 쓴다면 표면 전체에 가능한 고르게 얇게 도포한다.

3   배합토를 살짝 체 쳐서 표면 전체에 뿌리는데, 종자가 배합토에 묻히지 않게 덮어야 한다.

4   만일 더 큰 종자를 파종한다면 발아용 배합토에 연필 끄트머리로 구멍을 파고 종자를 하나씩 떨어뜨린다. 체에 친 배합토로 파종 구멍을 덮는다.

5   촘촘한 '살수구'가 있는 물뿌리개를 사용해서 물을 조금 준다. 물을 너무 많이 주면 종자가 썩을 수 있다. 비닐이나 유리판으로 덮고 직사광이 닿지 않도록 유지한다.

6   식물 이름, 품종, 날짜를 기입한 명찰을 붙인다.

7   매일 확인하다가 모가 나기 시작하면 곧장 덮은 것을 치우고 살짝 물을 준다. 하지만 절대 흠뻑 적시지 않도록 주의한다.

야외 고랑 파종법

1   해당 구역에 잡초가 없고 갈퀴질을 해서 토성이 곱게 만들어졌는지, 그리고 지표면이 평평하고 고른지를 확인한다.

2   파종 지침으로 말뚝 두 개 사이로 팽팽하게 당겨진 실을 사용한다. 아니면 말뚝 하나를 흙에 길이로 놓는다. 이제 표지물의 길이 방향을 따라 괭이로 얕은 고랑(약 2.5센티미터 깊이)을 판다.

3   고랑을 따라 종자를 가능한 고르게 흩뿌린다. 더 큰 종자들은 하나씩 적당한 거리를 두고 고랑 속으로 떨어뜨리면 된다.

4   갈퀴를 사용해 고랑 위로 흙을 살살 덮는다.

5   촘촘한 '살수구'가 있는 물뿌리개를 사용해서 물을 조금 준다.

6   식물 이름, 품종, 날짜를 기록한 패찰을 고랑 끝에 세운다.

열매 맺기   모가 자라남에 따라 해당 구역에 물을 주고 잡초를 없앤다.

콜리플라워

Brassica oleracea var. botrytis

●

십자화과 BRASSICACEAE

콜리플라워califlower의 원산지는 중동 지역으로 알려져 있다. 유럽에서는 중세에 이르러 널리 전해졌다. 영국 약초 연구가 존 제러드(1542~1611)는 1597년 저서 『약초론』에서, '콜리플로어colieflore'는 초봄에 뜨거운 똥 무더기 위에 파종해야 옳다고 언급했다. 방울양배추와 마찬가지로 콜리플라워는 미국에서는 1920년대까지는 대량으로 소비되지 않았다.

하얀색, 연두색, 자주색 두상화(혹은 커드라고도 통한다)가 있는 콜리플라워를 구할 수 있다. '로마네스코'는 도드라지는 황록색의 뾰족한 두상화가 있는 지극히 장식적인 재배 품종이다. 이는 가끔 브로콜리로 팔리지만 사실은 콜리플라워다. 가정 재배자가 선택할 수 있는 토종 품종들 중에 '이른 눈뭉치'와 '퍼킨스 레밍턴'이 있다. (19세기부터 내려오는) '비치의 자기보호'라는 멋들어진 이름의 품종에는 두상화 주위를 단단히 말고 있는 바깥 잎이 있어서 완전히 익을 때까지 꽃을 보

Ad nat. pict. in hort.   *Brassica oleracea var. botytris*

〈페르시아 콜리플라워〉 다색 석판화

엘리사 샹팽 (연대 미상)

출전- 빌모랭 화집 / 빌모랭-앙드리외 & 시 (1850~1895)

호한다. 콜리플라워는 초보 재배자에게 좋은 채소는 아니지만 추운 겨우내 기르기 쉬운 편이다. 이는 날로 혹은 살짝 익혀서 먹을 수 있다. 알칼리수는 콜리플라워를 노랗게 변색시킨다고 한다. 이런 일이 일어나지 않게 하려면 물에 우유나 레몬즙을 약간 넣는다. 동일한 이유로 알루미늄 조리 용기는 피해야 한다. 그렇다고 철제 냄비를 이용하면 입맛 떨어지는 푸르누런 색이 돼버린다.

채소 이름 퀴즈　　토종 채소에는 종종 '큰 북가죽 주름양배추'라는 양배추의 경우처럼 모양을 묘사한 이름이 붙여진다. 하지만 어떤 채소 이름은 아무 실마리도 주지 않는다! 이것들이 무엇인지 알아낼 수 있겠는지 여기서 당신의 채소 지식을 테스트 해보자.

1. '왈라왈라 Walla Walla'
2. '켄터키 들판의 치즈 Kentucky Field Cheese'
3. '미니 초컬릿 종 Miniature Chocolate Bell'
4. '검은 지하 요정 Black Gnome'
5. '할아버지의 감탄 Grandpa Admire'

정답

5. 아주 오래된, 비교될 토마토
3. 녹색빛 작은 단 고추로 이름은 갈색으로 변한다. 4. 작은 검은색 가지
2. 노란색
1. 평평한 코르크같이 덧 생긴 양파

승리를 위한 경작　　영국에서 "승리를 위한 경작"이라는 구호가 도입된 것은 1939년 전쟁이 시작된 지 한 달도 못 되어서였다. 시민들에게 집에서 먹는 식물의 재배를 촉구했던 1차 세계대전의 캠페인

이 부활한 결과는 실로 기대 이상이었다. 반응이 너무나 열렬했던 나머지 영국의 식품 수입은 사실상 절반으로 떨어졌다. 뒤뜰과 공동체의 자투리땅뿐만 아니라 드넓은 공공 공간도 대의명분에 바쳐졌다. 런던의 하이드파크는 자체 양돈장을 뽐냈으며(거기 사는 돼지들은 대중이 기부한 음식 찌꺼기를 먹었다), 한때 장미와 카네이션이 자라던 킹스턴 가든의 다년초 화단에서는 양배추와 감자가 싹을 틔웠다. 식량성은 (재미있는 이름의 당근잼을 지참한) 당근 박사와 감자는 껍질을 벗기는 게 아니라 긁어내서 영양소를 보존하고 낭비를 피해야 한다고 조언하는 감자 피트처럼, 정부 정책의 수행을 독려하는 캐릭터들을 제작해 잎채소와 뿌리채소라는, 당시는 다소 억척스러운 식단으로 보일 수밖에 없던 것에 생동감을 불어넣으려고 했다. 전시 식단은 음식의 맛이 혹시 떨어질지는 몰라도 집에서 키운 가축의 고기, 계란, 채소가 풍부하다는 점에서 지금은 영국 국민들이 누린 식단 중에서 가장 건강하다는 평을 받고 있다.

　미국에서는 샌프란시스코의 골든 게이트 파크와 뉴욕의 리버사이드 파크 지구가 전시의 식품 재배에 바쳐졌다. 아직도 채소를 생산하는 미네소타 주 미네아폴리스의 다울링 커뮤니티 가든과 이제는 꽃을 키우는 메사추세츠 주 보스턴의 블랙 베이 펜스는 마지막까지 남아 있던 승리의 정원이었다.

토종 채소들을 민달팽이 및 달팽이로부터
어떻게 보호할 것인가

재배자들이 한낱 민달팽이 및 달팽이와 맞서기 위해 발휘하는 독창성은 무한해 보인다(아니면 그냥 자포자기에 가까운 것일까?). 아래는 지금까지 동원된 기법들 중 시도해볼 가치가 있는 몇 가지에 불과하다.

1 한때는 호두나무 잎, 소금, 계란 껍질 부스러기를 달인 물로 길을 적시면 민달팽이와 달팽이들이 야간에 어슬렁거리지 못하게 할 수 있다고 생각했다.

2 계란 껍질 부스러기는 종종 연약한 식물 주위에 해자 같은 방어막을 치기 위해 사용되었다. 더욱 세련된 형태로는 아연 고리가 있다. 셰이커 교도 재배자들은 자기네 말로 "겸손의 가두리" 노릇을 하도록 식물 주위로 모래나 아주 작은 돌을 뿌리곤 했다. 왜냐하면 민달팽이와 달팽이는 그 두 가지를 가로지르기 어렵기 때문이다.

3 오리와 닭 같은 가금류가 텃밭에서 먹이를 쪼고 다니도록 허용하면 해당 구역에서 유해 동물들을 일소하는 효과를 거둘 수 있다. 하지만 경험에 의하면 녀석들이 귀중한 모종과 끈적거리는 민달팽이를 완벽하게 구별하지는 못한다.

4 동정심 많은 재배자들은 배려심 깊게도 공격자들을 그러모아 양동이에 담아서 채마밭에서 떨어진 잡초밭으로 옮겨놓는다. 하지만 껍질에 표시를 해둔 달팽이를 이용한 실험에 의하면 녀석들은 종종 고향인 채마밭으로 돌아오는데, 가끔은 놀라울 정도로 먼 거리를 여행해 귀환하기도 한다.

5 민달팽이와 달팽이는 열광적인 맥주 음주가다. 그래서 어떤 재배자들은 잎채소들 사이에 싸구려 맥주를 담은 얕은 용기들을 묻어둔다. 탐욕스러운 범인들이 마시다 빠져 죽기를 바라는 것이다.

6 만일 모든 수단이 수포로 돌아갈 경우 자포자기한 재배자는 프랑스인이 그러듯 달팽이 고기를 먹어버린다는 선택을 할 수 있다. 특정한 아프리카 전통 의술의 옹호자들은 달팽이 고기를 먹으면 이롭다고 주장한다. 가수들은 달팽이고기로 좋은 목소리를 유지할 수 있다고 말한다. 그리고 '사랑의 묘약'의 재료로 사용하면 결혼 생활을 다시 행복하게 만든다고 한다!

콩

BEAN

Phaseolus vulgaris & Vicia faba
●
콩과 FABACEAE

기원전 6000년경에 사용된 페루의 동굴들에서 콩의 화석이 발견되었다. 콩은 멕시코 및 중미가 원산이다. 미국 원주민들은 수천 년간 콩을 먹어왔으며, 홍화채두는 그들 문화의 토템인 "세 자매", 즉옥수수, 콩, 스쿼시를 함께 재배하는 시스템의 구성 요소 가운데 하나다(옥수수는 콩의 버팀대 역할을 한다). 종종 강낭콩이라고도 하는 강낭콩 속 콩 군에는 프렌치빈 및 해리코트빈 종류가 포함된다. 이 콩 군은 16세기에 북미에서 전 세계로 퍼져나갔다. 이는 유럽에서 신속하게 인기를 얻었지만 처음에는 다들 덩굴성 콩들만 먹었다. 관목성 품종들은 18세기까지는 널리 재배하지 않았다. 가정 재배자는 어디나 있는 녹색 덩굴강낭콩과 더불어 다른 색 강낭콩도 구할 수 있는데 그중에는 자주, 분홍, 빨강, 하양, 노랑에다가 심지어 얼룩덜룩한 재배품종들도 있다.

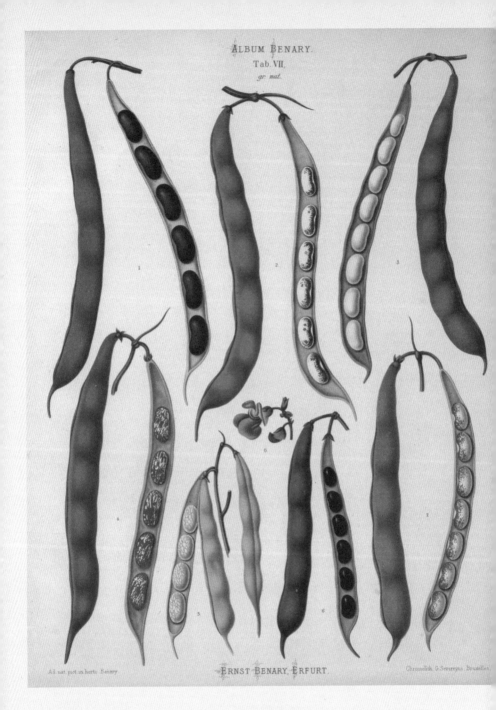

ALBUM BENARY.

Tab. VII.

gr. nat.

Ad nat. pict. in horto Benary.

ERNST BENARY, ERFURT.

Chromolith. G. Severeyns, Bruxelles.

〈관목성 콩〉

에른스트 베나리 (1819~1893)

출전- 베나리 화집 / 다색 석판화: G. 세브랭

파바빈 종류, 즉 잠두를 손질할 때는 껍질을 벗긴 콩만 남기고 깍지는 버린다. 이 종류는 지중해 지역이 원산으로 인류가 일찌감치 재배한 식물들 중 하나이다. 16세기 스페인 식민지 주민들이 신세계로 가져갔다. 덩굴성과 관목성 품종 둘 다 구할 수 있다.

아스파라거스에 대한 몇 가지 사실

세상에서 제일 맛있는 채소 아스파라가스는 붉은 열매 때문에 산호초로도 통한다. 원래 로마인이 영국으로 도입한 것은 가느다란 녹색 종이었고, 훨씬 크고 통통한 흰색의 더치 아스파라거스는 17세기까지는 부유한 귀족들의 접시에 올라오지 않았다. 아스파라거스는 전통적으로 부자들만 즐기는 별미였다. 이를 제대로 재배하려면 상당한 공간이 필요하며, 싹줄기는 아주 짧은 제철에만 생산된다. 가난한 사람들 입장에서는 이런 수확물은 할당된 공간에 비하면 너무 적어 보일 것이다.

아스파라거스와 친족관계가 아닌 식용 식물들도 아스파라거스치커리처럼 비슷한 이름을 가지기도 한다. 이는 이탈리아에서 인기여서 애정을 담아 푼타렐라라고 부른다. 끝부분과 잎을 샐러드에 사용하거나 살짝 익혀서 레몬즙과 올리브 오일로 무친다. 이탈리아계 미국인들은 이를 솔방울 치커리라고 부른다. 셀터스는 종종 아스파라거스상추라고도 부르는데, 중국에서 여러 세기 동안 재배했다. 북미에서는 1890년대부터 재배했다. 잎이 아니라 굵고 둥근 줄기를 먹기 위해 재배한다. 줄기는 껍질을 벗겨 간단히 삶거나 아니면 날로 먹을 수 있다. 이와 대조적으로 날개콩은 어린 꼬투리를 통째로 먹는다. 이는 아스파라거스콩 혹은 날개새발삼엽초라고도 불린다.

상추의 간단한 역사　　상추는 기원전 2700년경 이집트 무덤 벽화에서 나타난다. 로마인은 우리가 로메인, 코스, 버터헤드로 아는 것들을 비롯해 몇몇 품종들을 재배했다. 그들은 어린 상추는 날로, 더 자란 것은 조리하거나 뜨거운 올리브 오일과 식초로 숨을 죽여서 먹었다. 상추는 다양한 고대 문헌에서 언급된다.

핼러윈 랜턴　　매년 핼러윈, 즉 10월 31일 저녁마다 수천 개의 오렌지빛 호박이 희생된다. 이 억센 작물의 속을 파내 조각하고 깜빡거리는 초를 넣어 등을 만드는 것이다. 이 전통의 기원은 다소 혼란스러운데, 이야기는 대체로 수전노 잭이라는 신과 악마 양측의 속을 대차게 뒤집어놓은 아일랜드 농부의 일화에서 시작한다. 잭은 천국에 들어가는 것을 금지당하자 악마와 흥정해 자기 영혼을 가져가지 못하게 했다. 그리하여 어둠 속에서 지상을 영원히 방황하는 운명에 내몰렸고 악마에 의해 지옥의 영원한 잉걸불에 동댕이쳐졌다. 그는 순무를 파내고 안에 잉걸불을 넣어 자신의 외로운 길을 밝히는 랜턴으로 삼았다. 이 전통이 북미로 전해진 후 소박한 순무는 화려한 호박으로 대체되었고, 이제는 잭-오-랜턴으로 통한다. 사실 "잭-오-랜턴"은 원래는 랜턴을 든 사람 혹은 야경꾼을 뜻했다.

양파에 대한 몇 가지 사실　　고대 이집트인은 양파를 숭배했다. 양파의 둥근 형태와 동심원 고리들을 영원의 상징으로 여겼기 때문이다. 또한 정력제로도 여겼기에 양파는 이집트 사제들에게는 금지된 열매가 되었다. 그들의 욕망에 불을 지필까 두려웠던 것이다. 섹스에 대한 힌두교 고전 문헌들 역시 이 양파의 효험을 언급한다. 전통을 따르는 프랑스 가정은 결혼식 다음 날 아침 신혼부부에게 양파 수프를 대접한다. 콜럼버스는 1492년 첫 항해의 보급품들 중에 양파를 포함시켰다. 이 오래 보관할 수 있는 채소의 장점은 주방에서뿐 아니라 (좁아터진 배 안에 있기만 했다면) 병실에서도 높이 평가받았을 것이다. 왜냐하면 약용 성분이 전설적이기 때문이다. 예를 들어보자. 인후염, 감기, 독감 증상을 완화한다. 종기, 물집, 베임, 벌레물림 등으로 인한 피부 염증을 진정시킨다. 동상에 걸린 발을 날 양파로 문지르면 혈액 순환이 회복된다. 골 결핍으로 인한 장애의 진행을 늦춘다. 리비아인들은 다른 어느 나라 국민보다도 많은 양파를 소비하는데, 한 사람이 한 해에 족히 60파운드 이상을 먹는다!

가지의 간단한 역사　　솔라눔 멜론게나, 즉 영국에서는 '오버진'으로 통하는 에그플랜트의 존재는 1575년 시리아의 알레포에서 레온하르트 라우볼프에 의해 보고되었다. 가지는 인도에서 처음 기록된 고대 채소로(인도에서는 브린잘이라고 불렀다), 산스크리트어 이름도 몇 가지 있다. '에그플랜트'라는 이름이 붙은 이유는 16세기 영국에 도입된 첫 번째 종류의 가지에 암탉의 알 크기만 한 하얀 열매가 달렸기 때문이다. 속설에 의하면 한때 아랍에서는 신부들에게 최소한 100가지의 가지 조리법을 익히도록 요구했다!

모양과 빛깔이 상당히 다른 여러 품종이 있다. 색으로 말하자면 흔한 자주색과 흰색 종류에서부터, 초록, 분홍, 노랑, 또 얼룩덜룩한 것들까지 다양하다. 가정 재배자는 종을 선택할 때 다소 횡재한 느낌일 것이다. 여기 몇 가지만 예를 들자. '풋사과'는 1960년대에 세상에 나온 연두색의 동그란 가지다. '제국의 검은 아름다움'에는 타원형 가지가 열리는데, 이는 '라지 얼리 퍼플'과 '검은 북경'(중국에서 미국으로 1866년 도래한 재배품종)사이의 교잡의 결과다. '인도네시아의 분홍빛 홍조'는 분홍색과 보라색을 띤다. 타원형 열매가 열리고 밝은 분홍색 줄무늬가 새겨진 흰 껍질의 '간디아의 줄무늬'는 이탈리아 원산으로 19세기 중반에 프랑스로 도입되어 '줄무늬 과달루페'로 불렸다.

무

RADISH
Raphanus sativus
●
십자화과 BRASSICACEAE

무는 오랜 역사를 자랑한다. 카르낙 신전의 이집트 상형문자 및 그림에서 처음 등장했다. 무는 피라미드를 건설한 수천 명의 노동자들의 식단에 활력을 불어넣었다! 중국인은 무의 약용 자질을 대단히 높이 평가해 다른 식물들과 함께 밀봉한 도자기에서 발효시킨다. 이 과정은 40년까지 걸릴 수 있다. 조제물은 열병, 위장병, 장내 감염, 궤양, 고창을 비롯한 질병들의 치료에 사용된다.

가정 재배자들이 구할 수 있는 품종들은 상당히 다양하다. 점점 가늘어지는 긴 뿌리의 무뿐만이 아니라 순무 모양의 둥그런 무도 있다. '긴 하얀 고드름'과 '자줏빛 자두'라는 이름이 암시하듯, 흔히 구할 수 있는 붉은 것들 말고 다양한 빛깔의 무가 있다. 검정, 분홍, 자주, 노랑, 하양 품종들의 종자를 찾아 재배해보자. '프랑스식 아침 식사' 같은 종류는 두 가지 빛깔이다. 이 무의 윗부분은 진홍색이며

〈무〉

에른스트 베나리 (1819~1893)

출전 - 베나리 화집 / 다색 석판화: G. 세브랭

아래로 내려올수록 엷어져서 하얀색이 된다.

잘 준비된 토양에 파종해야 최고의 무를 수확할 수 있다. 넉넉히 자주 물을 주며 온도를 일정하게 유지해야 한다. 무는 준비되자마자 수확해야지, 땅에 너무 오래 두었다가는 질기고 나무토막처럼 변해 버린다. 연속 파종을 하면 신선하고 풍미 있고 아삭아삭한 보석 같은 무를 지속적으로 공급할 수 있다.

당근

CARROT
Daucus carota
●
미나리과 APIACEACE

아마 최초의 야생 당근은 아프가니스탄이 원산이며 짙은 빨강이
나 자주색을 띠었을 것이다. 고대 그리스인과 로마인은 보라색 시리
아 당근을 식용은 물론 약용으로도 재배했다. 알렉산드로스 대왕이
인도에서 작고 동그란 녹색 당근을 가져왔다. 자주색과 노란색 품종
들은 13세기 중국과 이후 18세기 일본에서 재배한 기록이 있다. 하지
만 북미에서는 영국 식민지 주민들이 버지니아 텃밭에 심었을 때인
1606년이 되서야 등장했다. 당근이 항상 채소로만 여겨진 것은 아
니다. 1300년 무렵 이탈리아인은 보라색 품종에 꿀을 얹어 후식으로
먹었으며, 15세기에 영국 귀족 여성들은 당근의 깃털 같은 이파리로
모자를 장식했다.

토종 재배자들은 짙은 빨강과 자주에서 노랑, 하양, 오렌지색을
띤 다양한 모양의 당근을 고를 수 있다. 보라색 당근의 심 부분은 노

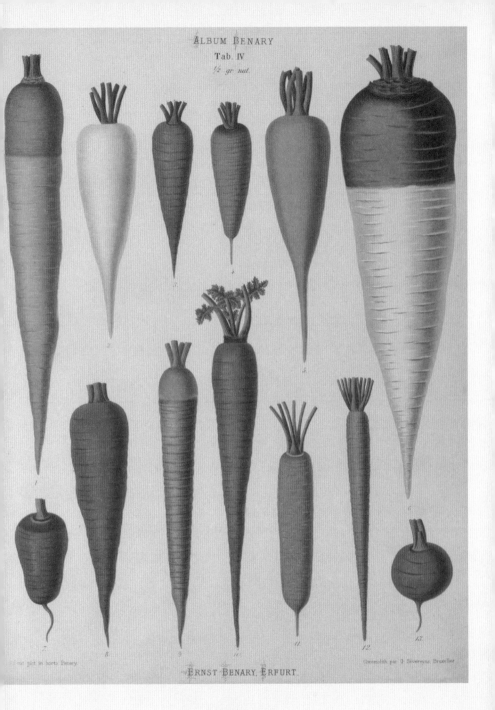

〈당근〉

에른스트 베나리 (1819~1893)

출전 – 베나리 화집 / 다색 석판화: G. 세브랭

란색일 수 있으며, 종종 검은 당근이라고도 불린다. 우리에게 친숙한 오렌지색 당근은 17세기 네덜란드 묘목업자들이 애국 활동의 일환으로 육종한 것이다. 오렌지색은 독립국 네덜란드를 상징하는 빛깔이기 때문이다! 현재 우리가 먹는 당근의 조상이 네덜란드의 후른이라는 마을에서 육종되었으며, '얼리 스칼렛 혼' '얼리 해프 롱' '레이트 해프 롱' 같은 이름이 붙어 있다.

라디키오 적색 치커리라고도 하는 라디키오는 중심에 빽빽한 속잎이 있는 장식용으로 안성맞춤인 잎채소다. 생잎을 샐러드에 사용하거나, 속잎을 익혀 먹는다. 라디키오는 너무나 아름다워서 어떤 텃밭에서건 관심을 독차지할 만하며, 샐러드 그릇에 화려함과 색채를 더한다. 18세기 이탈리아 품종 '카스텔프란코'에는 초록, 빨강, 아이보리색이 알록달록하게 어울린 사랑스러운 잎이 있다. '레드 트레비소'는 더욱 오래된 종으로 16세기까지 거슬러 올라간다. 여름에는 잎이 녹색이지만 기온이 떨어지고 겨울이 다가오면 잎맥이 하얀 선홍색 잎으로 변한다. 어떤 사람들은 쓰다는 이유로 싫어하지만 오렌지, 적양파를 같이 넣고 단맛을 더하면 훌륭한 샐러드가 된다.

까다로운 해충들 모든 가정 재배자들은 해충을 피할 수 없다. 이 작은 적들은 입맛이 까다롭지 않아 채마밭의 대부분을 행복하게 먹어치우는 것처럼 보인다. 하지만 아래 목록을 슬쩍 보기만 해도, 해충들의 입맛이 실은 꽤나 까다롭다는 사실을 알 수 있을 것이다!

- 아스파라거스잎벌레 | Crioceris asparagi : 아스파라거스를 즐긴다

- 검은콩진디 | Aphis fabae : 콩과 완두콩을 사랑한다.

- 양배추은무늬밤나방 | Trichoplusia ni : 선호하는 먹거리는 상추 및 양배추지 만, 아무거나 먹을 것이다!

- 무고자리파리 | Delia radicum : 모든 배추속 식물들을 우적우적한다.

- 당근흑파리 | Psila rosae : 셀러리, 셀러리악, 파스닙을 먹는다.

- 셀러리벌레 | 일명 파슬리벌레 혹은 당근벌레인 papilio polyxenes : 딜과 순 무를 좋아한다.

- 콜로라도감자잎벌레 | Leptinotarsa decemlineata : 감자를 사랑한다.

- 완두나방 | Cydia nigricana : 완두콩을 좋아하지만 일단 다 해치우면 콩으로 옮겨 간다.

- 오이딱정벌레 | Diabrotica undecimpunctata : 콩, 아스파라거스, 토마토, 양 배추를 편애한다.

- 무잎벌 | Athalia rosae : 순무를 사랑한다.

토마토 시식　　미국에서 실시된 토마토 시식 실험에서는 붉은 품종들이 다른 색 품종들을 누르고 최고점을 받았다. 하지만 시식자들의 눈을 가렸을 때는 오렌지색 품종들이 승리했다! 최고의 오렌지색 품종으로는 둥글둥글한 '사금', 골프공 크기의 '리빙스턴의 황금 공', 그

리고 흔치 않은 털투성이 껍질의 '채마밭 복숭아'가 있다.

양배추에 대한 미신　흔해빠진 양배추에도 미신 몇 가지쯤은 딸려 있다. 정초에 양배추를 먹으면 그해의 행운이 보장되는데 특히 동부콩까지 있으면 더 말할 나위가 없다. 양배추 잎은 번창을 약속하는데 다름 아닌 지폐의 상징이기 때문이다. 모든 미신들 중 가장 기이한 것은 눈을 가린 소녀 한 쌍을 양배추 밭으로 보내는 오래된 핼러윈 관습이다. 그들이 찾아내서 뽑은 첫 번째 양배추의 상태는 미래의 남편감이 어떤 위인인지 알려준다고 한다. 만일 뿌리에 흙이 많이 붙어 있으면 미래의 구혼자는 부유할 것이다. 반대로 뿌리가 말끔하면 가난이 기다리고 있다. 조리한 양배추가 단맛을 내느냐 신맛을 내느냐에 따라 남편의 기질을 알 수 있다.

완두콩 및 콩 노하우　풋내기 재배자라면 콩 및 완두콩의 다양한 종류 및 이름이 헷갈릴 수밖에 없다. 종자를 선택할 때면 더욱 그렇다. 아래는 간단한 설명이다.

- 완두콩 | Pisum sativum : 가든 피스, 스노우 피스, 스냅 피스를 포함한다. 키 큰 품종과 관목 품종 둘 다 구할 수 있다. 완두콩과 가든 피스는 껍질을 벗긴다. 반면 스노우 피스와 스냅 피스는 품종에 따라 다 자란 완두콩의 껍질을 벗겨 먹어야 하지만, 보통은 (날로 혹은 살짝 익혀서) 통째로 먹는다.

- 파바 빈 | Vicia faba : 필드 빈, 잠두, 벨빈이라고도 한다. 키가 크거나 작은 품종을 구할 수 있는데, 껍질을 벗긴 콩만 먹는다.

- 리마 빈 | Phaseolus lunatus : 버터 빈으로도 통하는데, 덩굴식물을 재배하건 관목으로 재배하건, 잘 자라려면 원산지인 남미처럼 기후가 따뜻해야 한다. 콩만 먹는다.

- 동부콩 | Vigna unguiculata : 몇몇 종들은 동부 속(Vigna)에 해당하며, 크라우더, 카우피, 동부콩, 야드롱빈 같은 보통명으로 알려져 있다. 꼬투리는 크림색, 녹색, 분홍색, 자주색을 띨 수 있으며 콩 역시 색깔이 다양하다. 잘 자라려면 기후가 뜨거워야하며, 껍질 말고 콩만 먹는다.

- 홍화채두 | Phaseolus coccineus : 버팀대가 필요한 키 큰 식물이다. 꼬투리 전체를 저며서 먹는다.

- 강낭콩 | Phaseolus vulgaris : 덩굴성 강낭콩과 관목류 둘 다 홍화채두보다 작고 섬세하며 초록새, 자주색, 노란색이 있다. 오래된 종류로는 네덜란드 품종인 '용의 혓바닥'이 있는데, 크림색과 자주색으로 알록달록하다. 프렌치 빈은 꼬투리 채 먹을 수 있다. 해리코트 빈은 생으로 혹은 말려서 먹을 수 있다.

셀러리악

CELERIAC
Apium graveolens var.rapaceum

미나리과 APIACEAE

셀러리악은 셀러리처럼 해안을 좋아하던 야생 셀러리의 후손이다. 파슬리와 마찬가지로 약초로 쓰였으며 씨앗은 조미료로 사용되었다. 셀러리 소금(셀러리 씨앗과 소금의 혼합물)은 오늘날의 조리사들에게도 높은 평가를 받는다. 뿌리가 둥글납작한 셀러리악은 지중해 동부 연안에서 서식하던 줄기 셀러리의 변종에서 발달한 듯하다. 이는 18세기 초 처음으로 종자 카탈로그에 등장해서 유럽 전역에서 널리 사용되었다. 식용 부분은 사실 뿌리가 아니라 부풀어 오른 줄기 밑동이다. 직접 재배하는 사람은 아삭아삭하고 맛있는 셀러리악의 잎을 보너스로 얻을 수 있다.

셀러리악은 어떤 미인 대회에 나가도 가망 없을 정도로 못생겼다. 이 때문에 몇몇 국가들, 특히 (이를 종종 셀러리 뿌리라고 부르는) 북미에서 셀러리악이 인기가 없는지도 모른다. 셀러리악 줄기의 껍질을 갈색

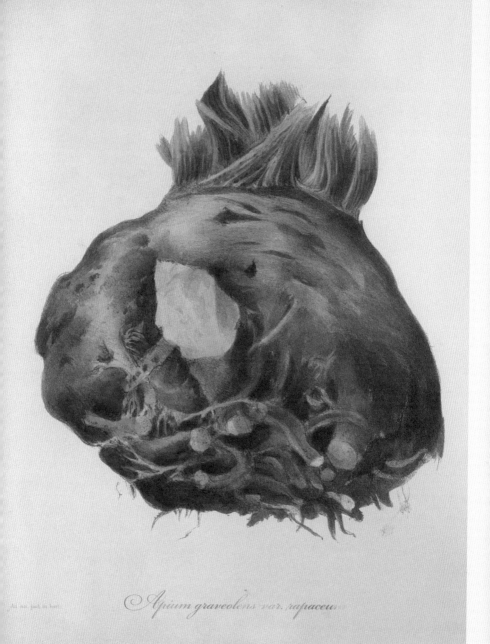

Apium graveolens var. rapaceum

〈셀러리악〉 다색 석판화

엘리사 상팽 (연대 미상)

출전- 빌모랭 화집 / 빌모랭-앙드리외 & 시 (1850~1895)

을 띠고 우툴두툴하며 둥글고 부풀어 오른 모양새다. 덕분에 줄기가 호리호리하고 길쭉한 사촌 셀러리보다는 순무와 닮았다. 순무뿌리셀러리라고도 불릴 정도다. 이를 '독일 셀러리'라고도 하는데, 독일인들이 이 채소에 열광하며, 숨은 자질을 제대로 인정하고 있다는 뜻이기도 하다. 셀러리악은 셀러리보다 훨씬 달콤하며 섬세한 견과류의 풍미를 낸다. 곱게 갈아 샐러드에 사용할 수 있으며 근사한 수프 및 스튜를 만들 수 있고 으깨 먹어도 맛있다. 19세기 재배품종 '얼리 퍼플 비엔나'는 자줏빛 줄기와 작은 구근을 가지고 있다.

상추

LETTUCE
Lactuca sativa

국화과 ASTERACEAE

상추는 유럽 및 지중해 지역이 원산이다. 이집트 무덤의 돋을새김에 처음 등장한다. 기원전 3세기로 거슬러 올라가는 이 벽화에는 키 큰 로메인 비슷한 식물을 재배하는 모습이 담겨 있다. 상추는 고대 그리스인이 먹었으며 로마인들이 널리 경작했다. 그들은 이를 주 조리 후에 먹었다(이는 이탈리아에 오늘날까지 남아 있는 전통이다).

상추는 무수히 많은 샐러드에 기본으로 들어가는 재료다. 하지만 창의적인 조리사들과 모험을 즐기는 재배자들이라면 개성 없는 아이스버그 종류만 고집할 필요가 없다. 왜냐하면 상추의 형태, 빛깔, 질감은 헤아릴 수 없이 많기 때문이다. 결구상추 혹은 아삭이상추로 통하는 것에는 바타비아 및 버터헤드 종류들이 포함된다. (아이스버그를 필두로) 전자는 잎이 아삭아삭하며 빛깔은 노랑에서 암녹색까지 다양하다. 후자는 끝이 약간 삐죽삐죽한 매끄러운 잎이 있으며, 부드러

Ad. nat. pict. in horto Benary.

Chromolith. G. Severeyns, Bruxelles.

ERNST BENARY, ERFURT.

〈둥근 상추〉

에른스트 베나리 (1819~1893)

출전- 베나리 화집 / 다색 석판화: G. 세브랭

운 식감은 버터 같은 풍미로 높은 평가를 받는다. 잎이 길쭉한 로메인 종류는 그리스의 코스 섬이 원산지로(그래서 코스 상추라고도 불린다), 풍성하고 곧고 아삭아삭한 잎이 반결구 상태를 이루고 있다. 이른바 '반복수확'이라고도 하는 잘라먹는 상추 군에는 속잎이 형성되지 않는다. 이런 상추는 밑동을 베어내 수확하면 매번 신선한 새순이 다시 풍성하게 돋기 때문에 재배자들에게 인기가 많다.

무 약초를 이용하는 전통 의료인들은 무를 다양한 조제물에 사용했다. 갓 짠 무 즙을 화이트와인 약간과 함께 마시면 신장결석은 마법처럼 사라질 것이다. 영국

식물학자 니콜라스 컬페퍼(1616~54)는 이렇게 조언했다: "이 뿌리를 많이 먹으면 혈액과 체액이 달콤해지며, 괴혈병에도 좋다." 방광 기능 부전 역시 치료하는데, 달이 이지러질 때 수확한 무는 티눈과 사마귀를 치료한다고 여겼다. 보다 최근에는 워싱턴 주립 대학의 에쉬 교수 및 구루시디아 교수가 무의 항생 성분을 극찬했다.

오늘날 (무가 속하는) 배추 속 식물들을 넉넉히 먹으면 암 치료에 도움이 된다는 사실이 널리 인정받고 있다. 슬프게도 무는 장볼 때 너무 쉽게 지나치는 채소들 중 하나다. 어쨌거나 무는 아무리 많아도 그냥 작고 둥글고 빨갛고 아삭아삭한 공 모양의 작물로만 보일 수도 있지만, 현실은 매우 다르다. 많은 토종 품종들을 여전히 구할 수 있는데 몇몇은 분명 재배할 가치가 있다. '블랙 스패니시 라운드' 는 16세기까지 거슬러 올라가는 품종으로 껍질이 검고 과육은 순수하게 하얀색이다. 경쾌한 이름의 '중국 장미'는 장밋빛 껍질에 길쭉한 모양으로 19세기 중반 예수회 선교사들이 중국에서 유럽으로 들여왔다. '프렌치 골든'은 이름에서 알 수 있듯 사랑스러운 밝은 금색이고, '독일 맥주'는 껍질이 하얗고 '퍼플 플럼'은 연자줏빛이다.

호박 및 스쿼시의 간단한 역사　기원전 7000년경에 사용된 흔적이 있는 멕시코의 동굴들에서 호박 종자가 발견되었다. 6세기 아프리카, 중국, 인도에서는 호박 및 스쿼시를 재배하고 소비했다. 하지만 채소가 짭짤한 조리용이 아니라 달콤한 조리용으로 높이 평가받게 된 16세기 이전까지는 도입되지 않았다. 호박을 가리키는 영어 '펌프킨'의 어원은 17세기로 거슬러 올라간다. 그리스어로 멜론에 해당하는 페폰(pepon)에서 왔는데, 뜻은 "태양에 의해 조리된"이다.

　시간이 지나자 호박 및 스쿼시는 촌충, 종기, 사마귀처럼 내놓고 말하기 곤란한 질환에 대한 치료에 쓰이게 되었다.

토마토와 관절염　관절염이 있는 사람들은 토마토를 먹지 말라는 소리를 종종 듣는다. 토마토는 강산성이기 때문이다. 하지만 희망은 있다. 그런 사람들을 위해 산도가 낮은 하얀색, 노란색, 오렌지색, 분홍색 품종들이 있기 때문이다.

토종 상추를 기르는 법

대부분의 토종 상추 품종이 잘라먹는 상추에 속해 있다. 흔히 루스리프 혹은 '반복 재배'라고 부른다. '청동 화살', '사슴 혓바닥', '붉은 참나무'는 모두 잘라 먹는 상추다. 이 품종들은 저장이나 운반에 불리하므로 가정 재배에 좋다. 신선 함과 맛이라는 명백한 장점은 제쳐두더라도 이 토종 품종들의 다양한 빛깔과 멋진 잎 모양이 주는 시각적 즐거움만으로도 이들을 재배할 충분한 이유가 된 다.

1   일찍 시작하고 싶다면 상추 종자를 실내에 파종했다가 날씨가 따뜻해지면 어린 식물을 최 종 재배 장소로 옮겨 심는다. 하지만 상추는 소동을 싫어하므로 뿌리갈래가 튼튼하게 발달 하고 뿌리에 흙이 많이 붙은 경우에만 옮겨 심는다.

2   만일 바로 땅에 심는다면 밭의 잡초가 잘 제거되고 비옥한지, 또 토양에 흙덩어리와 돌이 없는지 확인한다.

3   상추 종자는 아주 자잘하니 가능한 한 얇고 고르게 심는다. 땅을 다독인 후 종자가 씻겨 나가지 않도록 아주 "촘촘한" 살수구가 있는 물뿌리개로 물을 준다.

4   상추는 너무 강한 햇볕을 좋아하지 않는다. 옥수수처럼 높이 자라는 식물 아래쪽이나 줄 지은 덩굴콩 사이사이에 심어서 그늘을 제공한다. 아니면 줄지어 심는 대신 촘촘하게 한 뭉치씩 심어서 흙 속의 습기를 보존하도록 한다.

5   어린 잎은 달콤하고 연하지만 밭에 너무 오래 두었거나 종자가 맺힌(꽃이 핀) 상추는 질기고 쓴맛이 날 것이다.

6   한낮의 열기로 시드는 일이 없도록 가능한 한 아침 일찍 수확한다.

7   너무 많거나 모자라는 사태를 피하기 위해 조직적인 재배자들은 상추를 재배 철 내내 규칙 적으로 파종한다. 신선하고 연한 잎을 지속적으로 공급하기 위해서는 3주 정도마다 연속적 으로 파종해야 한다.

양파

ONION
Allium cepa
●
부추과 ALLIACEAE

기원전 5000년까지 거슬러 올라가는 팔레스타인 예리코의 신석기시대 거주지 유적에서 양파 화석이 발굴되었다. 양파는 아프가니스탄, 파키스탄, 이란이 원산으로 알려져 있다. 기원전 3000년 무렵에는 이집트인들의 주식이었다. 이집트 무덤에서 종자가 발견되었고 식물 그림도 돋을새김으로 조각되어 있다. 양파는 초기 무역로를 통해 인도 및 지중해 지역 국가들로 전해졌으며 로마 시대에 이르러서는 널리 재배되고 있었다.

양파는 이제 일상의 조리에서 없어서는 안 될 재료다. 수많은 조리법이 "양파 껍질을 벗기고 얇게 저미서 부드러워질 때까지 볶는다"는 문장으로 시작되지 않는가. 노랑과 하양에서부터 빨강까지, 양파의 빛깔은 다양하다. 양파는 둥글거나 약간 납작하거나 눈물방울 모양이다. 봄과 초여름 재배 품종들은 바로 먹을 수 있는 반면, 늦

〈양파〉

에른스트 베나리 (1819~1893)

출전 - 베나리 화집 / 석판인쇄 - G. 세브랭

여름과 가을 재배 품종들은 저장성이 좋아서 겨우내 먹을수 있다.

양파는 식품점과 시장에서 쉽게 구할 수 있다. 하지만 많은 사람들이 토종 재배를 선호한다. 아주 달콤해서 생으로 먹기 좋은 종류에있어서부터 조리에만 적합한 강렬하고 톡 쏘는 양파까지 엄청나게 다양한 종류가 있어 다채로운 풍미를 제공하기 때문이다. 이름이 재밌는 '왈라 왈라 스위트' 양파는 프랑스의 코르시카 섬 원산으로 19세기 초 프랑스 군인 피터 피에리가 워싱턴 주 '왈라 왈라'에 들여왔다. 커다란 구형 양파로 달콤하고 순한 풍미로 사랑받는다.

서양우엉 & 쇠채

평범한 당근이 지겨운가? 그럼 대신 이 흔치 않은 뿌리채소를 먹어보는 건 어떨까? 서양우엉은 채소 굴과 굴초라는 이름으로도 통한다. 길고 하얀 뿌리는 가느다란 파스닙 비슷하게 생겼으며 아주 섬세한 풍미를 자랑한다. 1897년 미국 종자 카탈로그에 다음과 같은 설명이 있다. "서양우엉은 내한성의 2년생 식물이며 주로 뿌리를 먹기 위해 재배한다. 뿌리는 길고 끝으로 갈수록 가늘어지며 좋은 토양에서 재배할 경우 30~35센티미터까지 자란다. 건강에 좋고 영양분이 풍부하다고 알려져 있다. 조리하면 맛이 굴과 비슷하므로 굴의 대체로 좋다. 그래서 굴초라는 이름을 얻었다."

쇠채는 서양우엉과 비슷하지만 뿌리가 검다. 어떤 사람들은 쇠채가 맛이 좋다고 주장한다.

채소 공포증

만일 채소를 싫어하는 아이들 중에서 남달리 조숙한 아이가 이 부분을 읽는다면, 앞으로는 저녁 식탁에서 브로콜리를 먹지 않기 위해 의학적 소견을 끌어들여 변명할지도 모른다. '라채노포비아'는 채소 공포증이다.

이 공포증이 있는 사람이 채소 종류를 접하면 가쁜 호흡, 불규칙한 심장박동, 메스꺼움, 발한이 유발될 수 있다. 좀 더 세분화된 형태로는 라채노포비아 마이코시스(버섯 공포증)와 라채노포비아 라이코프레시쿰(토마토 공포증)이 있다.

콜리플라워의 간단한 역사

콜리플라워는 비록 평범한 채소지만 보기에 아름답고 먹기에 근사한 채소이다. 중동이 원산지이며 13세기부터 유럽에서 재배되었다. 옛 영국 이름은 '콜플라워' 혹은 '캐비지 플라워'다. 미국인은 이 채소를 1920년대까지 많이 먹지 않았다. 작가 마크 트웨인(1835~1910)이 콜리플라워를 '대학(college) 교육을 받은 양배추'라고 부른 일은 유명하다! 견고한 하얀 두상화는 낱꽃 혹은 커드로 통하는 더 작은 꽃들의 다발로 이루어져 있다.

일부 조리사는 두상화의 과육이 희면 흴수록 맛이 좋다고 생각한다. 낱꽃 끄트머리가 녹색인 것을 선호하는 조리사도 있다. 이름을 보면 알 수 있듯 '퍼플 케이프'는 색이 화려한 품종이다. 아주 달콤한 맛이 난다. 1808년, 영국에 알려졌으며 원산은 남아프리카로 알려져 있다. 무슨 색이건 간에 콜리플라워는 절대 지나치게 익혀 먹으면 안 된다.

토종 양파를 기르는 법

양파는 오랫동안 상업 재배자와 아마추어 재배자가 함께 재배하는 주 작물이 었다. 다음은 재배, 수확, 저장에 대한 몇 가지 전통적 조언이다.

1. 오늘날 양파는 종자나 순(미성숙한 작은 구근)으로 재배한다. 가정 재배자라면 종자로 구할 수 있는 품종이 훨씬 다양할 것이다.

2. 커다란 구근을 키우고 싶다면 기름진 옥토가 좋다. 양파를 가벼운 모래땅에 재배하면 구근 안에 알을 낳는 무시무시한 고자리파리 같은 병충의 공격에 더 취약하다. 부화된 구더기는 과육을 먹어치운다.

3. 파슬리를 근처에 심으면 병충을 막는 데 도움이 된다고 한다.

4. 전통적으로 주 작물은 땅에서 작업이 가능해지는날이 되면 되도록 일찍 파종해야 한다. 한 여름에 늦게 파종한 양파로는 겨울에 양파를 새로 공급할 수 있다.

5. 양파 잎이 늘어지고 나면 구근이 성숙하도록 수확 전까지 2주 정도 건드리지 않고 땅 속에 둔다. 건조하고 해가 잘 나는 날을 골라, 구근을 흙에서 부드럽게 들어낸 후 야외에 며칠 두어 말린다. 구근으로부터 5센티미터쯤 떨어진 곳에서 잎을 잘라낸다. 따뜻하지만 습하지 않은 실내에 2, 3주 두는데, 골고루 마르도록 규칙적으로 뒤집어준다. 구근들 사이에 공 간을 많이 두어 공기가 막힘없이 자유롭게 순환되도록 한다. 그물 주머니에 넣어 서늘하고 건조한 곳에 저장한다.

6. 19세기에 최고로 여겨진 양파 품종들을 보자. 내한성 양파로 일찍 수확하기 좋은 '갈색 공', 이름을 보면 알 수 있듯 거대한 크기로 자라나며 풍미가 순한 '마데이라의 거인', 자그 마한 '은색 껍질'은 피클용으로 사랑받았고, 한편 '하얀 리스본'은 가을에 파종해 봄 양파로 수확했는데 오늘날에도 여전히 인기 있는 재배품종이다.

옥수수

CORN
Zea mays

벼과 POACEAE

옥수수는 아메리카 대륙이 원산이며 대단히 오래된 식물이다. 콜럼버스가 유럽에 전하기 전까지 기록에는 나오지 않는다. 오늘날 가장 손쉽게 구할 수 있는 것은 노란 옥수수 품종이지만 가정 재배자는 아름다운 무지갯빛 옥수수 속을 과시하는 오래된 품종들의 종자를 쉽게 구할 수 있을 것이다! 파랑, 오렌지, 분홍, 하양 씨알맹이들이 모두 있다. 게다가 1868년 금광꾼들이 미국 원주민으로부터 받은 '코코파'처럼 경이로운 다색 품종들도 있다.

이런 다양한 빛깔들이 있음에도 불구하고 과거 많은 미국인은 흰색 옥수수 품종들만 선호했다. 노란 종류들은 말먹이로나 써야 한다고 생각했다. 20세기 들어 토종 품종 '황금빛 꼬맹이'의 종자를 상업적으로 구할 수 있게 되면서 모든 게 달라졌다. 1926년 버피 종자 회사는 '황금빛 꼬맹이'가 "미국이 가장 좋아하는 단옥수수"

Tab. 657.

ZEA MAYS L.
er gemeine türkische Wazen.

〈옥수수〉 컬러 동판화

요제프 야코프 폰 플렌크 (Joseph Jakob von Plenck 1738~1807)

출전 –약용식물 화집 / 석판인쇄 – G. 세브랭

라고 단언했다. 이 품종은 오늘날에도 여전히 널리 재배되고 있다.

옥수수는 수확 후 가능한 한 신속히 조리해야 한다. 대개는 그냥 냄비의 끓는 물 속으로 던져 넣는데, 20세기까지는 보통 풍미를 더 잘 보존하기 위해 껍질째로 조리했다. 조리용 물에 소금을 넣어서는 안 되는 이유는 씨알맹이들이 딱딱해지기 때문이다. 옥수수는 속대째로 그릴에 굽거나 바비큐하기에도 좋다.

버섯에 대한 미신　들판이나 숲에서 버섯을 쉽게 볼 수 있다. 고리 대형으로 자라난 요정의 고리라고 불리는 이런 대형은 둥근 균사체 끄트머리 둘레의 과실체에 의해 형성되어 버섯균주가 퍼져나감에 따라 매년 크기가 커진다. 오랜 세월이 흘러가면서 수많은 미신과 신화가 생겨났다. 요정 고리의 존재 원인에 대해서는 설명이 분분한데, '소인들', 벼락, 별똥별, 심지어 유성우 때문이라고도 한다. 흔히 그 고리 안에 보물이 묻혀 있다고들 믿지만, 안으로 들어가는 사람은 눈이 멀거나 절름발이가 되거나 땅 밑으로 완전히 사라질지도 모른다. 스코틀랜드 신화에서 거대 말불버섯은 '악마의 코담뱃갑'으로 불린다. 포자가 눈을 멀게 한다고 생각했기 때문이다. 긍정적인 미신 얘기를 해보자면, 버섯으로 만든 조제약은 종기와 농양을 무르익게 한다고 한다!

투탕카멘완두　1922년, 고고학자 하워드 카터가 후원자인 카나번

경과 함께 그 유명한 이집트 소년 왕 투탕카멘의 무덤을 발굴했을 때 발견한 많은 보물들 중 하나가 완두콩 씨앗이었다(마늘 구근 역시 무덤에서 발견되었다). 오늘날, 전통 품종 재배자들은 여기서 이름을 딴 투탕카멘완두의 종자를 재배할 수 있다. 카나번의 영지인 잉글랜드 버크셔 지방의 하이클레어 캐슬 원산으로 알려져 있다.

대황　식물학적으로 말하자면 대황은 사실 채소다. 그럼에도 불구하고 대부분의 사람들은 이를 과일로 여겨 파이, 잼 같은 달콤한 조리들에 사용한다. 대황은 고대 채소로 기원은 티벳으로 추정된다. 오늘날 많은 텃밭에서 다년생 식물 대황을 재배하고 있다. 대황은 1800년 즈음 메인 주의 한 농부가 북미에 들여왔다고 한다. 이 식물에서 먹을 수 있는 부분은 길쭉한 분홍빛 줄기다. 반면 잎은 절대 먹으면 안 되는데, 죽음을 초래하고도 남을 만한 옥살산이 함유되어 있기 때문이다. 몇몇 폴란드 조리법에서 대황은 타르트로 만들어져 감자의 곁들이로 나온다.

소와 당근　17세기 네덜란드 소들에게는 당근을 먹였다. 이런 식단으로 가장 진한 우유와 가장 색이 좋은 버터를 얻어냈기 때문이다. 다른 지역에서는 잘 먹이지 못한 소의 젖에 당근 즙을 섞어서 색을 개선했다.

토종 옥수수 재배 입문

옥수수는 곤충이 아닌 바람에 의해 수정된다. 만일 자신이 기르는 옥수수의 종자를 보존하고 싶다면 딱 한 품종만 재배할 것을 권한다. 공간이 넉넉한 경우에는 다양한 품종들을 충분히 (최소 8미터 권한다) 떨어뜨려 두거나, 타화수정을 막기 위해 옥수수에 종이봉투를 씌울 수도 있다.

1   실내에서 재배를 시작할 경우, 옥수수 종자를 각각 화분에 3.8센티미터 깊이로 파종한다. 아니면 서리의 위험이 전부 지나간 후, 토양이 조금 데워지면 준비된 땅에 종자를 직접 파종한다.

2   화분의 식물이 15센티미터 높이가 되면, 가로 세로 1.8미터 정도되는 구역에 뭉치로 30센티미터씩 떨어뜨려서 심는다. 직접 파종한 식물들은 이 정도 거리가 되도록 솎아줘야 한다. 줄 지어서 심지 않는다. 뭉치로 심는 게 수정에 도움이 된다.

3   물을 많이 준다. 건조한 시기에는 자주 물을 줘야한다. 줄기에서 옥수수수염이 나기 시작하면 씨앗알맹이가 발달해야 하므로 많은 물이 필요하다. 그러니 특히 이 단계에는 땅이 마르지 않도록 확인한다.

4   씨앗알맹이는 첫 수염이 나타나고 약 6주 후면 준비가 될 것이다. 수염이 갈색으로 변하면, 옥수수 껍질을 살짝 치우고 옥수수를 손톱으로 조심스럽게 찔러본다. 흘러나오는 즙이 우윳빛이면 익은 것이다. 아니면 옥수수를 조금 더 놔둔다.

5   아스파라거스와 마찬가지로, 옥수수는 가능한 한 수확하자마자 조리해야 한다. 당이 신속하게 전분으로 바뀌기 시작하기 때문이다.

열매 맺기   여러 토종 재배 품종들을 구할 수 있다. 그중에는 비교적 흔치 않은 것들도 있는데, '매코맥의 푸른 거인'은 흐린 푸른빛의 씨앗알맹이를 생산하며, '검은 멕시코내기'의 씨앗알맹이는 처음에는 흰색이지만 말리면 검은색이 된다. 이름이 재미있는 '텍사스의 꿀 같은 6월'은 너무나 달콤해서 꿀에 비견된다.

마늘

GARLIC
Allium sativum
●
부추과 ALLIACEAE

마늘은 중앙아시아 원산 식물로 알려져 있다. 중국인과 이집트인들이 수천 년 전부터 재배했다고 한다. 마늘의 의학적 효능은 전설적이어서 신화다. 고대 이집트인, 그리스인, 로마인 모두 마늘을 먹으면 힘과 용기가 크게 증가한다고 생각해 노예들과 전사들에게 마늘을 먹였다. 마늘은 이제 세계 방방곡곡의 많은 조리법에서 없어선 안 되는 재료가 되었다.

이 식물의 식용 부부은 부풀어 오른 구근이다. 머리라고 불리는 이 부분은 약 여덟 개에서 열 개의 조각으로 구성되어 있다. 이를 쪽이라고 한다. 종잇장 같은 껍질은 흰색이거나 불그스름한 자주색이며 과육은 흰색이다. 과육의 어느 부분이라도 녹색으로 물들면 잘라내야 한다. 맛이 쓰고 위통을 일으킬 수 있기 때문이다. 마늘은 알이 꽉 차 있어야 한다. 만일 "왈그락 달그락"하는 소리가 난다면 버린다.

〈마늘〉 다색 도판화

뒤부아 (Dubois, 연대 미상)

출전- 약용꽃 / C. L. F. 판쿠크(1814)

마늘쪽이 말라서 쪼글쪼글해졌다는 뜻이기 때문이다. 마늘은 냉장 보관하지 않는다. 언제나 주위 공기가 막힘없이 순환할 수 있는 곳에 저장해야 한다. 마늘의 맛은 생으로 먹을 때 더 강렬하며 오래 조리할수록 풍미가 섬세해진다. 맛이 훨씬 떨어지긴 해도 말린 마늘이나 마늘 피클 역시 구할 수 있다. 손에서 마늘 냄새를 없애려면 스테인리스 스틸로 된 물건으로 문지르면 된다.

건강에는 양배추 　　전통 약초의들은 양배추가 건강에 이롭다고 믿었다. 이를 만병통치약으로 본 것 같다. 사람들은 양배추를 상태에 따라 다양한 방식으로 섭취하도록 조언을 받았다. 살무사에게 물린 사람은 양배추 즙을 와인에 섞어 마셔야 한다. 꿀에 잰 양배추는 목이 쉬거나 목소리가 안 나오는 증상을 완화시킨다. 양배추 즙을 꿀과 함께 끓여서 식힌 액체를 눈초리에 떨어뜨리면 침침하거나 흐릿한 눈을 말끔하게 할 수 있다. 가장 유쾌하지 못할 것 같은 양배추 치료약으로 양배추 줄기를 태운 재를 늙은 돼지의 비계와 섞은 게 있다. 이 혼합물을 "오래전부터 아파왔던 옆구리에, 아니면 어디든 우울하고 격렬한 기질로 인해 고통받는 곳에 바르면 대단히 효과적"이라고 한다.

양파 압운시　이는 모든 조리사의 견해이니―
양파 없이는 절대 짭짤한 요리를 할 수 없지만,
그래도 입맞춤을 망치지 않으려면
양파는 완전히 끓여야 하노라.

(조너선 스위프트)

당근 치료법　예전부터 약초의는 같은 식물이라도 야생 식물이 재
배된 식물보다 의약 조제물로 훨씬 유익하다고 믿었다. 특히 야생 당
근은 임신에 어려움을 겪는 여자들에게 도움이 될 뿐 아니라, 속이
부글부글하는 증상과 비뇨기 및 월경 문제들을 완화하고, 신장 결석
을 배출하는 데 도움이 된다고 믿었다. 야생 당근은 재배되는 친족
보다 훨씬 작고 질감이 더 단단하며, 맛은 꽤 얼얼하다.

　오늘날 재배 당근에 대한 의학 및 과학 연구가 실행된 결과, 당
근은 대단히 영양가 높은 음식으로 확인되었다. 18세기, 프랑스의
도시 비시에서는 소화 기능 장애를 치료하기 위해 날마다 당근을
먹자고 홍보한 것으로 유명하다. 비시 당근이라고 불리는 조리는 오
늘날의 메뉴에도 등장한다. 당근은 폐암의 위험을 줄이는데 흡연자
는 물론, 혈중 콜레스테롤 치수가 높은 사람들도 생당근을 매일 먹으
면 좋다고 한다. 프랑스의 옛 품종들을 오늘날의 가정 재배자들도 재
배할 수 있다. 여기에는 '샹트네 레드 코어' '드 콜마르' '존 드 두' 그
리고 아주 오래된 '생 발레리'가 포함된다.

오이에 대한 미신　　오이와 관련된 희한한 관습들 중, 오이 덩굴이 성장하는 힘은 파종자의 힘과 직접 관련되어 있다는 속설이 있다. 따라서 오이 파종은 젊고 정력이 넘치는 남자들만 해야 한다고 믿었다. 이와 대조적으로 월경 중인 여자들은 오이를 쳐다보거나 가까이 가서는 안 된다. 즉시 오이가 시들고 말라 죽기 때문이다.

매로란 무엇인가　　미국 조리사들은 영국 조리법에서 매로가 등장하면 종종 혼란에 빠진다. '매로'는 주키니호박이다(영국에서는 쿠르제트라고 부른다). 하지만 주키니호박이 주키니호박이기를 그만두고 매로가 되는 건 언제인가? 보통은 재배자가 채 수확하지 못하고 덩굴에 놔두면 아주 빨리 자라고 부풀어 오르고 팽창해서, 거대한 체펠린 비행선 모양의 채소가 된다! 어마어마한 매로들에는 뭔가 즐거운 분위기가 있다. 영국에서는 농산물 품평회와 공진회에서 거대 매로 경연대회가 오랫동안 열려왔다. 하지만 매로는 수분이 너무 많아 이렇다 할 맛이 없기에, 보통은 굽기 전 강한 풍미의 재료들로 속을 채운다. 과거에는 '보스턴 개량 매로'와 '매머드' 같은 몇몇 오래된 재배 품종들의 종자가 주키니호박이 아니라 '매로'로 판매되었다.

　　연하고 즙이 많은 주키니호박은 연녹색과 진녹색뿐 아니라 노란색 등 근사한 빛을 띠는데, 조리해서 먹을 수도 있고 어릴 때는 샐러드를 만들어 생으로도 먹는다. 만일 다채로운 빛깔의 재배 품종들을 키우고 싶다면 짙은 녹색의 이탈리아 재배품종 '검은 미인', 연녹색

점박이 어린 주키니호박이 나오는 폴란드 재배 품종 '남바', 노란색
의 구부러진 재배 품종 '구부러진 목'을 찾아보라.

놀라운 옥수수 미로   17세기, 생울타리 미로는 높은 상록수 벽 안
에 갇혀 길을 잃는 스릴을 사랑하는, 놀기 좋아하는 유럽 부자들에게
인기 있는 유희였다. 21세기 사람들은 참을성이 모자라서, 주목 생울
타리가 뚫고 들어갈 수 없는 차폐물로 자랄 때까지 걸리는 10년 혹
은 그 이상을 기다리지 못하고 대신 옥수수로 미로를 만든다. 옥수수
가 (글쎄, 거의) 코끼리 눈높이까지 자라 완벽한 '즉석 미로'를 제공하
기까지는 한 철 이상 걸리지 않는다.

협동 식물   전통적으로 미국 원주민들은 키 큰 옥수수를 리마빈,
강낭콩, 핀토빈 같은 덩굴콩들의 버팀대 노릇을 하도록 재배했고
다음으로는 스쿼시나 호박을 재배했다.

근대

SWISS CHARD
Beta vulgaris subsp. cicla
●
명아주과 CHENOPODIACEAE

근대는 지중해 연안 및 근동 지역이 원산지다. 다소 외면되는 듯하지만 맛있는 채소다. 고대 그리스인과 로마인들이 널리 재배했으며, 중세 프랑스에서 인기를 끌다가 이후 17세기에 유럽 전역으로 널리 퍼졌다. 근대는 비트의 가까운 친족이지만 뿌리 대신 줄기와 잎을 얻기 위해 재배된다. 이는 잎비트, 실버비트, 시금치비트라고도 불리는데, 다년생 시금치와는 다른 채소지만 외관은 비슷하고 단지 잎맥이 덜 빡빡할 뿐이다. 근대는 종종 시금치 대용으로 사용한다. 근대의 풍미가 더 좋다고 생각하는 사람들도 많지만 시금치와는 달리 언제나 조리해야 한다. 비타민 A와 비타민 C가 풍부한 근대는 철, 칼슘, 카로틴, 마그네슘, 칼륨의 탁월한 공급원이기도 하다.

상업적으로 재배되어 흔히 구할 수 있는 근대는 줄기가 하얀 재배 품종이다. 그러나 줄기가 아름다운 빨강, 노랑, 분홍, 오렌지색인

〈근대〉

에른스트 베나리 (1819~1893)

출전 - 베나리 화집 / 석판인쇄 - G. 세브랭

품종들 역시 재배되고 있다. 채마밭뿐 아니라 길가 화단에 근대를 심는 재배자들이 색색의 재배 품종들을 선택하기 때문이다. 아직 구할 수 있는 토종 재배 품종들 중 줄기가 은색인 '아르젠타타'는 근사한 풍미의 이탈리아 품종이다. 헷갈리게도 '대황'이라는 (가끔은 '루비'라고 불리는) 재배 품종은 그 극적인 빛깔 때문에 정평 있는 인기 품종이다. 이를 덴마크 재배 품종 '옐로 두라트'와 나란히 재배하면 놀랄 만큼 멋지다.

상추에 대한 몇 가지 사실   오늘날 상추는 미국인이 소비하는 가장 인기 있는 채소 중 하나다(나머지 하나는 감자다). 일인당 한 해 평균 13킬로그램가량의 상추를 먹어치운다. 로메인 상추에 비타민 A 및 비타민 C의 함유량이 제일 많지만 철은 버터헤드에 더 많다. 중량으로 볼 때, 상추 잎의 95퍼센트는 수분이다. 상추의 아삭아삭하고 아작거리는 식감은 그 때문이고 같은 이유로 거둔 지 얼마 안 돼 시들어버리기도 한다.

셀러리와 셀러리악   야생 셀러리는 원래 유럽 원산의 습생 식물이었다. 고대 그리스인과 로마인은 이를 피를 정화하기 위해 사용했다. 16세기, 이탈리아에서부터 셀러리를 재배한 이래 언제나 인기가 많은 채소로 남아 있다. (파스칼로 통하는) 녹색 재배 품종들은 살짝 쓴맛이 나고 하얀 재배 품종들(골든)은 더 아삭아삭한 경향이 있다. 셀러

리는 첫 서리 후 수확하면 풍미가 훨씬 좋아진다. 흔치 않은 품종 '자이언트 레드'는 줄기가 암적색인데 조리하면 분홍색으로 바뀐다.

뿌리채소 셀러리악은 긴 줄기의 셀러리와 풍미 면에서는 대단히 비슷하다. 이는 뿌리셀러리, 셀레리라브, 혹셀러리, 독일셀러리로도 불린다. 울퉁불퉁하고 털투성이 순무 같은 모양새 때문에, 긴 줄기의 셀러리만큼 우아하지는 못하다. 하지만 수프나 스튜를 끓이거나 버터와 함께 으깨 먹으면 근사한 맛이 난다.

갯배추 갯배추는 유럽의 여러 해안에서 자라는 야생 식물이다. 18세기 초 이후, 영국 텃밭에서 분생법 및 파종법으로 재배해온 배추속 식물로 토머스 제퍼슨의 1809년 원예서에서도 언급된 바 있다. 갯배추는 20세기 초까지 인기 있는 음식이었고 부자들의 식탁에도 자주 올랐지만 오늘날에는 더 이상 널리 소비되지 않는다. 갯배추 새순은 우선 탈색을 하며 대게 치울 수 있는 뚜껑이 있는 특별히 디자인된 토기 화분을 사용한다. 거름을 화분 주위에 높이 쌓아올려서 온도를 높이는데 가끔은 아예 온실에서 재배하기도 한다.

갯배추는 아스파라거스와 콜리플라워의 맛이 동시에 난다. 흔히 레몬향이 나는 녹인 버터 같은 단순한 드레싱, 베샤멜 소스나 올랑데소스를 곁들인다. 가끔 갯배추비트라고 불리는 근대를 갯배추와 혼동하면 안 된다.

진짜 마　고구마를 마(yam)라고 잘못 말하는 경우가 종종 있다. 진짜 마(Dioscorea alata)는 열대 뿌리채소로 다년생 덩굴에서 자라며 땅 밑에 먹을 수 있는 덩이줄기가 있다. 물마, 날개마, 자색마로 불린다. 뉴기니와 멜라네시아에서는 이 채소가 의식과 제의에서 한몫을 한다. 특별하게 기른 마는 50킬로그램 이상 나갈 수 있는데, 공동체 내에서의 재배자의 지위를 반영한다. 마와 비슷하게 둥근마(air potato, D. bulbfera)에서 먹을 수 있는 부분은 땅 밑의 덩이줄기다. 이는 아프리카 및 아시아 원산으로 눈의 감염을 치료하는 데 사용한다.

꼬마 양배추　방울양배추는 19세기 초 북미로 도입되었는데, 외관 때문에 일종의 미니 양배추로 여겨졌다. 방울양배추의 인기를 북돋우기 위해서 뉴욕 채소상들은 눈부신 아이디어를 떠올렸다. 엄지 톰이라고 불리는 서커스 난장이를 고용해 새로운 '엄지 톰 양배추'를 선전하게 한 것이다. 이는 유명인 홍보의 초기 사례라고 할 수 있다.

빠른 회향　그리스어로 회향(fennel)은 마라톤이다. 기원전 490년 마라톤 전투에서 페르시아에 승리 후, 한 그리스인이 승전보를 전하기 위해 아테네까지 40여 킬로미터를 달렸다. 그 전투가 회향 밭에서 벌어졌기에 이 채소와 장거리 달리기는 영원히 연결될 것이다.

샬롯에 대한 몇 가지 사실　　그리스인과 로마인은 샬롯을 아스칼론 양파라고 불렀다. 팔레스타인 도시 아스칼론에서 따온 이름이다. 여러 양파 중에서 가장 맛있는 품종 중 하나다. 모양은 길쭉하며 색은 회색, 분홍색, 금갈색에 이르는 등 다양하다. 만생종이 보관하기 가장 좋다. 반면 조생종은 저장성이 뛰어나지는 않지만 풍부한 풍미를 자랑한다. 샬롯이야말로 부엌의 주역이라고 여기는 프랑스 조리사들은 조생종을 다른 품종들보다 훨씬 선호한다.

　모든 샬롯은 더 크고 둥근 친족들보다 훨씬 단맛을 낸다. 보통 양파들과 달리 샬롯은 튀기면 쓴맛이 나기 때문에 항상 끓여야 한다. 특히 길쭉한 토종 재배 품종은 영국에서는 '바나나 샬롯'으로 미국에서는 '개구리 다리'로 다양하게 불린다.

서양고추냉이

HORSERADISH
Armoracia rusticana

●

십자화과 BRASSICACEAE

서양고추냉이는 남동 유럽 및 서아시아가 원산이다. 지금은 세계 여러 지역에서 널리 재배하고 있다. 고대 이집트인 및 그리스인들이 재배해 먹었으며, 그리스 신화에도 등장한다. 전설에 의하면 그리스 신 아폴로는 델포이 신탁에서, 오늘날 우리가 보기에는 별 거 아닌 서양고추냉이가 무게만큼의 금에 맞먹는 가치가 있다는 말을 들었다. 서양고추냉이는 유대인들이 유월절에 먹으라는 지시를 받은 '다섯 가지 쓴맛 나는 약초'들 중 하나다. 영국, 독일, 스칸디나비아에서는 서양고추냉이를 고기에 곁들여 먹었고, 부패하거나 못쓰게 된 고기의 냄새를 얼버무리는 용도로 사용했다. 초기 식민지 주민들이 서양고추냉이를 아메리카 대륙으로 가지고 들어갔다. 17세기 양조업자들은 이를 약쑥, 쑥국화 같은 허브와 섞어서 서양 양고추 에일을 만들어서 지친 여행자들에게 제공했다.

〈서양고추냉이〉

얀-샤를 퍼브뤼허 (Jean-Charles Verbrugge, 1756~1831)

출처: 야채 모음집 / 요제프 반 휘어너 남작 (1970~1820)

서양고추냉이는 내한성 다년생 식물로 일단 자리 잡으면 근절하기 힘들다. 그러니 앞으로 여러 해 동안 키우고 싶은 곳에만 심어야 한다. 조리에 사용되는 부분은 긴 곧은뿌리다. 뿌리의 껍질은 검은색이고 속은 하얀색인데, 자르고 난 뒤에는 일단 식초에 담가둬야 한다. 그러지 않으면 빠르게 색이 바랜다. 얼얼하고 톡 쏘는 맛이 나는 뿌리는 강판에 갈아 기름, 식초, 크림과 섞어 소스를 만들어 고기나 채소에 곁들여 먹는다. 신선한 서양고추냉이를 살 수도 있고 이미 갈아놓은 것을 살 수도 있다.

크레스와 워터크레스　　　크레스는 유럽이 원산이다. 최소한 로마 시대까지 거슬러 올라가는 오랜 역사를 자랑한다. 이는 백겨자와 함께 재배하며 샌드위치의 맛을 돋우는 고명이나 단순히 접시를 장식하기 위해 사용한다. 구할 수 있는 희귀한 옛 재배 품종 중에 '페르시아 광엽 크레스'가 있다. 이란 원산으로 그곳에서는 샤 히 혹은 "왕의 음식"이라고도 부른다.

야생 품종들과 재배 품종들을 다 구할 수 있는 워터크레스는 깨끗하게 흐르는 물에서 자란다. 워터크레스는 가장 맛있는 녹색 잎채소들 중 하나이다. 얼얼하고 톡 쏘는 풍미를 내며 날로 먹거나 말려서 먹는다. 또 영양 가치가 높고, 철, 칼슘, 황, 요오드, 카로틴, 필수 지방산이 풍부하다. 아메리칸 크레스 혹은 업랜드 크레스는 랜드 크레스, 윈터 크레스, 벨 아일 크레스라고도 부른다. 이들은 유럽 및 북미 원산이며 종종 워터크레스의 대체물로 사용한다.

감자 총　근거 없는 이야기일지 모르지만, 미국의 살인자이자 폭력배이며 은행 강도인 존 딜린저(1903-34)는 감자를 조각해 만든 모형 총을 탈옥용 소품으로 사용했다고 한다. 어떤 사람들은 한 발 더 나아가서, '러시안 바나나'라는 감자 재배 품종의 이름이 여기서 나왔다고 주장한다!

마늘의 종류　봄에 수확하는 어린 마늘은 '물마늘로 통한다. 작은

리크 비슷하게 생겼는데, 이 단계에는 더 자라도록 놔두었을 때보다 훨씬 순한 풍미를 낸다. 파처럼 날로 먹을 수 있다. 하지만 조리할 때는 더 성숙한 종류를 쓸 때보다 늦게 넣어야 한다. 코끼리 마늘로 통하는 더 큰 재배 품종 역시 가장 흔히 사용하는 표준 크기 마늘보다 순하다. 이 종류의 마늘은 여름에 수확한 다음 건조해서 저장한다. 외톨마늘은 가을에 파종한다(하지만 유럽 재배자들은 낮이 가장 짧은 날인 12월 21일까지 기다린다). 그러면 성장해서 부풀어 올라 단단한 구근을 형성한다.

오크라에 대한 몇 가지 사실　음식 기고가 제인 그리그슨은 '귀부인의 손가락' 혹은 검보로도 통하는 오크라를 '가장 우아한 채소'라고

부른다. 오크라에서 먹는 부분은 길고 녹색을 띠며 미성숙한 오각형 꼬투리다. 이 식물은 원래 아프리카 원산인데, 노예무역과 함께 북미로 전해져서 남부 주들의 조리의 주역이 되었다. 오크라는 인도와 중동 조리들에도 등장한다. 오크라의 특징은 익히면 끈적거리고 즙이 많은 질감으로 수프와 스튜를 걸쭉하게 할 때 유용하다.

토종 종자 갈무리하는 법

토마토나 스쿼시처럼 '물기가 많은 채소'의 종자 갈무리 방법

1 잘 익은 채소를 갈라서 종자와 과육을 조심스럽게 몽땅 긁어낸다.

2 단지에 넣고 며칠간 두어 발효시키며 가끔 저어준다.

3 단지에 물을 약간 붓고 떠오르는 종자들은 모두 버린다(이런 것들은 싹을 내지 못할 것이다).

4 단지의 내용물을 고운 체에 걸러 따라낸다.

5 과육을 조심스럽게 씻어내고 종자를 건진다.

6 종자를 도자기 접시에 놓고 따뜻하지만 너무 뜨겁지는 않은 장소에 며칠 두어 자연 건조한다.

콩이나 완두콩 같은 말린 깍지의 종자 갈무리 방법

1 성장철 막바지에 깍지를 식물에 달린 채로 마르게 둔다.

2 날씨가 습해지거나 서리가 내리면, 식물을 통째로 뽑아서 서늘하고 건조한 곳에 걸어둔다.

3 속속들이 건조되어 부스러질 지경이 되면, 깍지를 줄기에서 잘라내고 종자를 조심스럽게 걷어낸다.

4 완전하고 상처 없는 종자들만 골라낸 후, 어떤 먼지나 찌꺼기도 없도록 부드럽게 까불린다.

상추 같은 꽃식물의 종자 갈무리 방법

1 식물을 웃자라도록 두어서 종자 결구가 형성되도록 한다.

2 종자가 마르기 시작하면, 식물을 정기적으로 점검해서 준비가 된 종자 결구마다 종이 봉지를 받치고 흔들어준다. 아니면, 식물을 밑동에서 통째로 살라낸 후 용기를 밑에 받치고 매달아서 종자가 성숙하도록 며칠 놔둔다. 그러면 용기 속으로 떨어질 것이다.

3 종자를 고운 체를 받치고 까불려서 먼지와 찌꺼기를 제거한다.

열매 맺기

어떤 방법을 사용하건 종자를 밀봉한 단지 혹은 종이봉투에 담아 서늘하고 건조한 곳에 저장한다. 쥐와 곤충의 위협으로부터 잘 보호되는지 확인한다. 식물의 이름, 재배 품종, 날짜를 적은 딱지를 붙인다.

호박 및 스쿼시

PUMPKIN & SQUASH
Cucurbita spp.

●

박과 CUCURBITACEAE

호박 및 스쿼시로 불리는 거대 식물군의 기원은 남미 및 중미이다. 이 채소들은 그곳의 식단에 수천 년간 크게 기여했다. 이들은 기본적으로 두 종류로 나뉜다. 겨울 종류는 껍질이 단단하고 저장성이 좋은 반면, 여름 종류는 껍질이 부드러우며 신선할 때 먹어야 한다. 가끔 호박은 경연대회에서 상을 탈 수 있을만큼 크고 무겁게 자라기 때문에 경작된다. 많은 사람들이 스쿼시가 맛은 낫다고 생각한다.

호박 및 스쿼시는 엄청나게 다양한 크기, 모양, 빛깔을 자랑하며 자란다. 크기 면에서는 거대한 '매머드 금'에서부터 아주 작은 '꼬마 잭'에 이르기까지 다양하다. 색의 경우 오렌지, 빨강, 파랑, 초록, 하양, 분홍을 비롯 사실상 무지개의 모든 색이 나타나며 줄무늬나 얼룩무늬, 대리석무늬가 나타날 수도 있다. 껍질 혹은 각피의 질감은 매끄

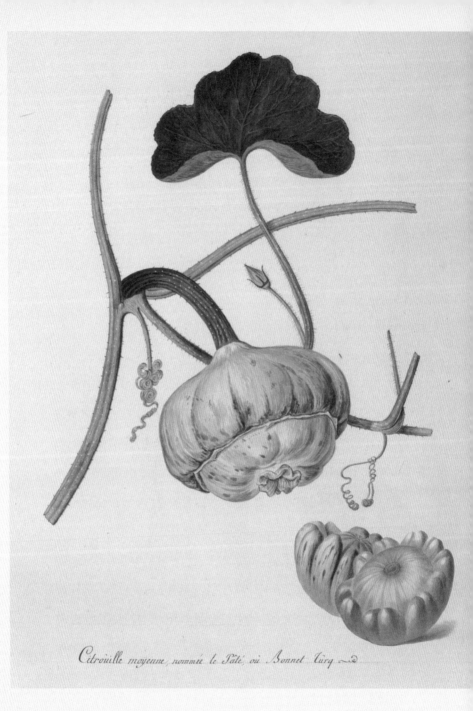

Citrouille moyenne, nommée le Pâté, ou Bonnet Turc

〈호박〉
어느 플랑드르 화가의 고무 수채화
출전- 야채 모음집 / 요제프 반 휘어너 남작

럽거나 골이 지거나 오톨도톨할 수도 있다. 한편 스쿼시의 모양은 구형, 타원형, 곧은 모양, 구부러진 모양, 바나나 모양 등 다양하다. 가리비 같은 테두리가 있거나 터번을 씌워놓은 것 같이 생겼을 수도 있다.

호박 및 스쿼시는 달콤한 조리와 짭짤한 조리의 재료로 사용된다. 영양 가치도 훌륭해서, 비타민 함량은 종류마다 꽤 다르지만 다들 다량의 섬유질을 공급한다. 예를 들어, (Cucurbita moschata 군에 속하는) 인기 있는 버터넛 스쿼시는 에이콘 스쿼시보다 80퍼센트 많은 비타민 C가 함유되어 있다.

다른 양파들　　대부분의 조리사들은 껍질이 노랗거나 빨간 커다란 양파나 순한 맛에 구근이 작은 파에만 지나치게 익숙하다. 하지만 다른 양파들도 있다. 웨일스 양파는 이름과 달리 시베리아 출신이다. 아시아에서는 일본 리크로 불리며 인기를 끌고 있다. 이를 끝없는 양파라고 부르기도 하는데, 몇 철이나 수확을 할 수 있기 때문이다. 이 식물은 길고 홀쭉한 구근들을 탄탄한 다발로 생산하는데, 파와 비슷하게 샐러드에 사용된다. 감자양파는 지표 바로 밑에서 샬롯보다 큰 구근 송이들을 만들어낸다. 구근 송이들이 지표를 향해 솟아오르면 흙을 부드럽게 쓸어내서 구근이 햇빛 속에서 익어가도록 해야 한다. 하지만 뿌리가 드러나지 않도록 주의한다. 감자양파는 풍미가 순하며 저장성이 좋다.

이 모든 양파들 중 가장 흥미로운 것은 아마 이집트의 보행양파일 것이다. 나무양파, 아니면 가끔은 꼭대기양파로도 불린다. 캐나다 원산인데 아주 혹독한 겨울도 날 수 있다. '나무'의 '둥치'는 실은 약 20센티미터 높이까지 성장하는 속이 빈 줄기인데, 여기서 강한 풍미의 자그마한 구근이 자라난다.

샘파이어　이 유럽 채소는 식당 메뉴와 상점에서, 특히 어물전에서 점점 더 흔히 발견할 수 있다. 바위 샘파이어는 바닷가 절벽과 바위투성이 해안에서 야생으로 자란다. 조리하거나 피클로 만든다. 반면 같은 종이 아닌 습지 샘파이어는 해수 소택지에서 발견되는데, 조리하거나 샐러드에 사용한다. 샘파이어라는 이름은 프랑스어 에르브 드 상 피에르, 즉 성 피터의 약초라는 말에서 나왔다. 습지 샘파이어의 또 다른 이름은 유리풀이다. 유리 제조에 사용되었기 때문이다. 이는 가끔은 바다콩, 혹은 아기 아스파라거스라고도 불린다.

점핑 빈스　멕시코 점핑 빈스로 통하는 이 희한한 채소는 실제로는 콩이 아니다. 그리고 점프하지도 않는다! 사실, 이 채소는 산악관목인 세바스티아니아 파보니아나의 꼬투리인데, 나방의 아주 작은 애벌레가 구멍을 뚫고 들어가서 집으로 삼는다. 이 애벌레 때문에 콩이 뛰고 흔드는 것처럼 보이거나 씰룩거리고 구르는 것처럼 보이는 것이다.

토종 호박 및 스쿼시를 기르는 법

충분한 공간이 있는 운 좋은 재배자들에게 호박 및 스쿼시는 모양, 크기, 빛깔, 종류의 다양성만으로도 다른 채소는 다 제쳐두고라도 '반드시 재배해야 할' 채소이다. 하다 못해 해마다 다른 품종을 재배하기로 마음먹은 이라 하더라도 구할 수 있는 호박과 스쿼시 종자들의 유혹적인 명단을 떨쳐내기는 힘들 것이다. 겨울 호박 및 스쿼시는 맛, 조리상의 융통성, 장기 보존성은 제쳐 놓고라도, 눈으로 보기만 해도 너무 아름다워서 실내 장식용으로 쓸 만한 것들이 많다.

1   초봄에 실내에서 화분에 종자를 파종한다. 땅에 직접 파종한다면 서리의 위험이 모두 지나간 후에 한다.

2   호박 및 스쿼시 재배에는 전통적으로 "구식법"이 사용되어왔다. 땅이 준비되면(잡초를 속속들이 제거하고 다량의 퇴비를 묻은 후), 너비 60센티미터 높이 15센티미터 가량의 둥근 상을 만든다. 이들은 제멋대로 뻗어나가는 식물이니, 상들 사이마다 약 3미터의 간격을 둔다.

3   상마다 화분 하나에 키운 식물을 심는다. 만일 직접 파종한다면, 상 하나마다 종자 네 개씩을 2.5센티미터 깊이로 파종한다.

4   모가 자라남에 따라 가장 약한 것들을 솎아내고, 가장 강한 것 두 개씩만 남겨서 키운다.

5   물을 많이, 정기적으로 준다. 하지만 작은 식물이 쫄딱 젖을 지경이면 곤란하다. 퇴비를 더 가져다가 뿌리덮개를 만들고 식물이 쑥쑥 자라기 시작하면 뒷짐 지고 지켜본다.

6   호박 혹은 스쿼시가 자라남에 따라, 큼직한 기왓장 혹은 짚으로 만든 받침대를 채소마다 받쳐서 축축한 땅으로부터 보호해 썩지 않도록 한다.

7   열매가 완전히 자라고 껍질이 단단해지기 시작하면 주요 줄기에서 잘라내는데, 반드시 줄기가 7~8센티미터 정도는 달려 있도록 한다. 그러고는 건조한 곳에 두고 2~3주 해를 쬐며 숙성시킨다. 이는 저장성을 크게 향상시킨다.

치커리

CHICORY
Cichorium intybus

●

국화과 ASTERACEAE

많은 조리사들이 획기적이고 다채로운 샐러드를 만들기 위해 어느 때보다 모험을 즐기고 있다 보니, 치커리는 다시 한 번 인기 있는 잎채소가 되었다. 치커리는 서로 다른 세 군으로 나뉜다. 지역에 따라 이름이 달라 헛갈리는 경우가 종종 있다. 옅은 색의 벨지언 엔다이브(도판)는 먹기 전 쓴맛을 줄이기 위해 탈색을 해야 한다. '위트루프'는 보통 재배하는 품종으로(실은 벨지언 엔다이브를 종종 '위트루프 치커리'라고 한다), 탈색을 한 두상화는 치콘이라고 부른다. 프랑스인과 오스트리아인은 이 종류를 엔다이브라고 부르지만, 영국인과 미국인은 치커리라고 부른다. 녹색 잎의 슈거리프 치커리(혹은 영국에서는 컬리엔다이브)는 로메인 상추와 비슷하다. 탈색할 필요 없지만, 쓴맛을 피하려면 너무 크게 자라기 전 베어내야 한다. 대표적 재배 품종인 '스파도나'와 '슈거로프'는 이탈리아 원산이다. 화려한 붉은색을 뽐내는 종류

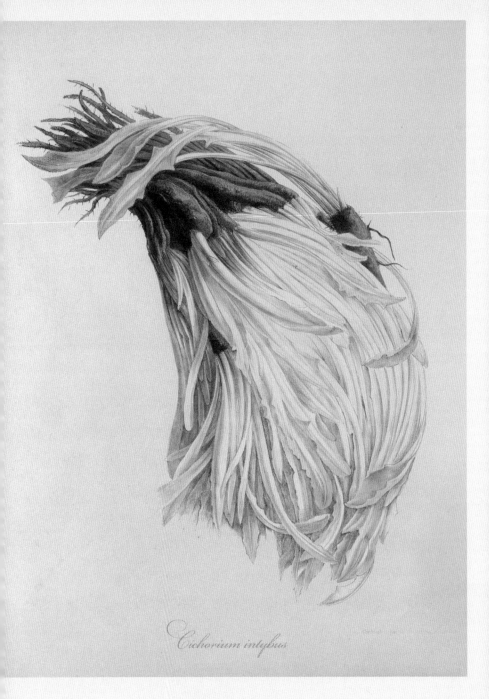

Cichorium intybus

〈치커리〉 다색 석판화

엘리사 샹팽 (연대 미상)

출전- 빌모랭 화집 / 빌모랭-앙드리외 & 시 (1850~1895)

들은 붉은 잎에 하얀 가시가 도드라져 있다.('레드 트레비소'는 가장 오래된 재배 품종들 중 하나로 역시 이탈리아 출신이다), 아니면 (18세기 이탈리아 품종 '카스텔프라노'처럼) 초록, 빨강, 하양 반점이 있다. 이들은 라디키오나 레드 치커리로 통하기도 한다.

1820년대에는 값비싼 커피콩 대신 구운 치커리 뿌리를 갈아서 사용했으며, 이것은 오늘날에도 커피 첨가물로 사용되고 있다. 양조업자들 역시 흑맥주에 가외로 향을 더하기 위해 구운 치커리를 사용했다.

저지 출신 양배추

저지 양배추는 진정 희한한 채소로 종종 저지 케일 혹은 소 양배추로 불린다. 이는 줄기가 딱 하나인데 5.5미터까지도 자랄 수 있다. 꼭대기에 양배추 비슷한 잎들이 돋아난다. 이 잎을 먹인 양들은 특히 털이 곱고 부럽다고 한다. 저지 섬 주민들은 이 줄기는 베어내 말려서 지팡이로 사용했다.

콩과 허브   흔히 바질과 토마토가 한 팀을 이루는 것처럼, 서머 세이버리는 모든 종류의 콩 조리의 이상적인 곁들이다. 독일에서는 시장에서 콩 다발을 허브 잔가지와 묶어서 파는 경우가 흔하다. 사실 독일어로 서머 세이버리인 보넨크라우트는 '콩 잎'이라는 뜻이다.

함부르크 파슬리   가장 흔한 종류인 허브 파슬리는 잎을 먹기 위해 키우는 데 함부르크 파슬리는 뿌리 때문에 재배한다. 다른 이름으로는 순무뿌리파슬리 혹은 그냥 파슬리뿌리라고도 한다. 모양은 호리호리한 파스닙 같고 빛깔은 회색에, 섬세한 맛은 셀러리와 파슬리 잎을 연상시키면서 약간 견과류 느낌이 든다. 함부르크 파슬리는 조리 전에 꼼꼼히 씻어야 하지만 껍질은 벗길 필요 없다. 불가리아, 독일, 폴란드, 러시아를 비롯한 유럽 국가들의 전통 조리법에 등장한다.

오리츠의 간단한 역사   오리츠Orach는 중앙아시아 및 시베리아가 원산이다. 선사시대까지 거슬러 올라간다고들 한다. 오리츠는 현재 훨씬 많은 텃밭에 자리 잡을 자격이 있다. 오리츠는 유럽에서 중세에는 인기를 끌었지만, 18세기가 되자 인기가 크게 떨어졌다. 하지만 다음 세기에 북아메리카에서 널리 재배되었다. 피어링 버의 1863년 저서 『미국의 밭채소와 들채소』 때문이었다. 버는 이 책에 잎 빛깔이 초록에서 노랑, 빨강에 이르는 열여섯 품종의 오리츠를 목록에 올렸다. 오리츠는 너무나 매력적인 식물이라서 흔히 장식용으로 심는다. 내한성이며 보통 멧시금치라고 부르듯이 시금치와 많이 닮은 잎채소다(하지만 단맛을 내도록 재배하기가 시금치만큼 까다롭지는 않다). 시간이 흐르면서 각각의 품종들은 서로 별 관계없는 흥미로운 이름들을 갖게 되었는데, 여기에는 '텃밭의 착한 숙녀' '걸물' '신중한 여인' '사랑의 양배추'가 포함된다!

버섯의 간단한 역사　엄밀하게 말하자면 버섯은 채소가 아니라 땅 속에서 자라는 균류의 과실체다. 버섯은 이집트 상형문자에 등장하며 파라오에게 어울리는 음식으로 여겼다. 고대 로마인 또한 버섯을 별미로 여겼다. 원래는 야생 버섯만 소비되었지만, 17세기에 프랑스 식물학자가 이 신비로운 과실체가 균사로부터 자라난다는 것을 보여 준 이후 버섯 재배는 프랑스인의 전공이 되었다. 재배종들이 북미로 도입된 것은 19세기였다.

갈색에서 크림색, 회색, 흰색에 이르는 다양한 빛깔의 버섯 종류들이 있다. 작은 양송이버섯은 가장 인기 있는 버섯들 중 하나다. 반면 그다지 친숙하지 않은 '바닷가재'라는 버섯이 있는데, 약간 생선 맛이 난다고 한다! 최근 서양에서 널리 재배되는 표고버섯은 영양가가 높다. 아시아에서는 오랫동안 '만병통치약'으로 통해왔다.

모든 버섯은 비타민 B군을 필두로 칼슘, 철, 단백질, 인, 칼륨을 함유한다. 버섯은 80퍼센트가 물로 이루어져 있으므로 조리 시 다른 재료들의 풍미를 쉽게 흡수한다.

콩에 대한 미신　중세에는 주현절 축하 케이크 속에 콩 한 알을 숨기곤 했다. 자기 케이크 조각 속에서 이 콩을 찾은 운 좋은 사람

은, 이어지는 한 해 동안 '콩의 왕'으로 추대되어 갖은 특혜를 받았다. 재배자들 및 농부들은 파종 전 고랑 바닥에 말총을 깔라는 조언을 받았는데, 그러면 훌륭한 작황이 보장된다고 믿었기 때문이다. 몇몇 속담들은 콩 파종기에 유용한 비망록 노릇을 했다. 이를테면 "콩 파종을 진창에 하면, 장작처럼 자랄 것이다"라는 경고가 있다. 또 하나 자주 인용되는 문구로 "콩 한 알은 썩도록, 한 알은 자라도록, 한 알은 비둘기를 위해, 한 알은 까마귀를 위해 파종하라"가 있다.

먹을 수 있는 그림들

주세페 아르침볼도(1527~93)는 밀라노의 화가로, 풍경, 꽃, 나뭇잎, 과일, 채소가 어우러진 환상적인 초상화들을 만들어냈다. 그의 전문가적인 손길 아래에서 스쿼시는 공들여서 손질한 머리카락이 되고, 줄 지은 파스닙은 턱수염을 형성했으며, 양파는 통통한 볼이 되었다. 이 그림들은 당대에 대단한 인기를 끌었고, 후일에는 초현실주의자들의 갈채를 받았다. 아마도 가장 놀라운 것은 그의 후원자인 오스트리아의 루돌프 2세가 이런 식으로 그려낸 자신의 '초상화'에 만족했다는 사실일 것이다!

비트

BEET
Beta vulgaris
●
명아주과 CHENOPODIACEAE

비트가 기원한 장소와 시대는 의견이 분분하다(누구는 비트가 기원 전 2000년 나일 강 혹은 인더스 강 지역 출신이라고 생각하지만, 또 누구는 북유럽 출신이라고 주장한다). 하지만 우리의 현대 비트는 갯근대로부터 비롯했을 가능성이 높다(가까운 친족인 근대 역시 그렇다). 이 야생 비트는 지중해 연안 지역에서 자랐다. 그리스인은 (뿌리 못지않게 영양가 있고 맛있는) 비트 잎을 먹었다. 로마인은 야생 비트의 팽창한 곧은뿌리를 재배했다. 음식으로 먹은 것은 잎이 아니라 뿌리였고, 더불어 약으로도 사용했다. 로마와 이런 인연이 있어 비트가 튜더 시대 영국에서 '로메인 비트'로 불렸는지 모른다.

가장 흔하게 구할 수 있는 것은 붉은 비트다. 맛은 큰 차이가 없고 오렌지, 노랑, 하양 품종의 종자도 가정 재배자들이 쉽게 구할 수 있다. '이집트 순무 뿌리' 혹은 '이집트 납작궁' 등 여러 이름으로

〈샐러드 또는 비트루트〉

에른스트 베나리 (1819~1893)

출전 – 베나리 화집 / 다색 석판화: G. 세브랭

통하는 재배 품종은 보통 비트보다 훨씬 납작한 모양이다. 뿌리는 토양 바로 밑에서 자라며, 껍질은 아주 짙은 보라색이고 과육은 짙은 자주색이다. 비트는 탁월한 맛이 난다. 그리고 철, 칼슘, 카로틴, 마그네슘, 인, 비타민 A, 비타민 B군이 풍부하다. 맨글은 맨골드, 혹은 맹글부르츨로도 통한다. 이는 비트와 근대의 우연한 교잡종으로, 독일 라인 지방 원산이고 주로 소 먹이로 사용된다.

파스닙

PARSNIP
Pastinaca sativa

미나리과 APIACEAE

독일과 스위스의 선사시대 유적지에서 야생 파스닙의 화석이 발견되었다. 이 채소는 지중해 동쪽 연안 지역에서 기원한 것으로 알려져 있다. 지금은 많은 나라에서 널리 구할 수 있다. 언제부터 먹기 시작해서 어떻게 확산되었는지는 정확히 알 수 없다. 많은 문헌에서 파스닙을 당근과 혼동하고 있기 때문이다! 파스닙은 17세기 초 북미로 도입되었지만 슬프게도 다른 곳에서, 예를 들어 북유럽의 많은 지역에서 누리는 만큼의 인기를 아직도 얻지 못하고 있다. 특히 프랑스인과 영국인은 이 달콤한 맛의 뿌리를 높이 평가한다. 러시아에서 파스닙은 '파스테르나크'로 통하는데, 우연의 일치로 그 나라에서 가장 존경받는 작가들 중 한 명(보리스 파스테르나크 1980~1960)과 이름이 같다.

파스닙은 크림색이 도는 흰색 껍질과 과육을 가지고 있다. 점점 가늘어지는 긴 뿌리가 흔한 당근 모양새지만, 뿌리 위쪽의 둘레

Pastinaca sativa

〈파스닙〉 다색 석판화

엘리사 샹팽 (연대미상)

출전- 빌모랭 화집 / 빌모랭-앙드리외 & 시 (1850~1895)

는 보통 당근보다 훨씬 크다. 달콤하며 살짝 견과류 느낌을 주고 즙이 많다. 내한성이 강한 채소라서 추운 겨울 내내 땅 속에 둘수록 풍미가 향상된다. 토종 파스닙 재배에 끌리는 사람들이라면 '학생'이라고 불리는 재배 품종의 종자를 찾아봐야 한다. 이는 가장 달콤한 파스닙인데 퍽이나 흥미롭게도, 라벤더 꽃의 향을 확연하게 풍긴다고 한다!

양파 눈물　　　가장 흔히 사용되는 채소를 재료하면서 조리사가 자꾸 눈물을 흘린다는 것은 자연의 역설들 중 하나다. 너무나도 많은 조리법들의 첫 단계가 다름 아닌 '양파를 곱게 다져라'인데, 이어지는 지시 사항은 눈에 물기가 차고 눈물이 흐르기 시작하느라 잘 읽히지 않는다! 양파를 저미면 양파 과육의 개별 세포들이 파괴되어 특정한 효소들이 분해되고 아미노산 술폭시드가 불안정한 술펜산을 형성하게 된다. 이 산은 불안정해서 신속히 재형성되는데, 일부는 휘발성 가스가 되어 공기 중으로 방출된다. 가스는 신속하게 눈에 도달해 자극 및 따끔거림을 유발한다. 그 결과 눈물이 흘러넘치게 된다. 조리에 앞서 양파를 차갑게 한다든가(이는 반응의 강도를 제한하는 데 도움이 된다), 양파를 그릇에 담긴 물속에서나 수도꼭지 아래에서 써는(가스가 주변 공기로 방출되는 대신 물속에 있게 하기 위해서) 방법을 사용해보라. 하지만 이럴 경우 손가락을 베일 위험이 크다.

오두막 케일　　　19세기 『비튼의 원예서』라는 책에는 오두막 케일이라는 맛있어 보이는 이름의 채소에 대한 흥미로운 설명이 실려 있다. 운 좋게도 이 채소를 전통 및 토종 종자 공급상으로부터 여전히 구할 수 있다. "이는 키 큰 캐벌리어 양배추 품종으로 옥스포드셔의 셔번 캐슬에서 방울양배추로부터 키워냈다. 케일 품종들 중 하나와의 교잡종으로 1858년 봄 원예학회에 제출되었다. 모든 채소들 중 가장 연하면서도 강렬한 풍미가 있다는 평을 받는다. 이는 완전히 자라면 1미터가 넘게 치솟기 때문에, 실내에서 재배하려면 그만큼의 공간을 확보해야 한다. 또한 그 시점이면 청록색의 장미를 닮은 어마어마한 새순이 바닥까지 덮는데, 이를 끓이면 우아한 초록색이 된다. 종자는 초봄에 파종해야 하며 기름지고 깊은 땅을 할당해야 한다."

아름다운 것　　　1947년 당시 할리우드의 풋내기 배우에 불과했던 메릴린 먼로는 '세계의 아티초크 중심'을 자처하던 캘리포니아 주 캐스트로빌이라는 마을이 개최한 경연대회에서 초대 "아티초크 여왕"으로 등극했다.

보존된 채소　　　막 수확한 생산물의 맛과 질감이 아무리 뛰어나더라도 바쁜 조리사라면 가끔은 옥수수 알갱이 통조림이나 편리한 냉동 콩 봉투를 찾아 식품저장실로 손을 뻗을 수밖에 없다. 그런 기적들을 두고 감사받아야 하는 두 발명가가 프랑스인 니콜라 아페르

(1750~1841)와 미국인 클래런스 버즈아이(1886~1956)다. 아페르는 조리사이자 제과사, 증류주 생산자로 코르크 및 밀랍으로 봉인한 병 같은 밀봉 용기에서 식자재를 보존하는 실험에 성공했다. 영국 상인 피터 뒤런드는 아페르의 발견에서 한 단계 더 나아가, 1810년 양철 캔으로 특허를 냈다. 조리의 역사에서 버즈아이는 캐나다 래브래도가 이누이트와 함께 한 낚시 여행 이후 자리매김되었다. 그는 여행 중 자신이 잡은 물고기들이 거의 즉석에서 냉동되지만, 일단 해동되면 신선한 생선과 똑같이 맛있다는 사실을 발견했다. 그는 집으로 돌아와 계속 실험을 한 끝에 '제너럴 시푸드 코퍼레이션'을 설립했다. 보존된 식품의 풍미, 빛깔, 식감을 유지하기로 한 래브라도의 결정은, 오늘날 먹을거리의 영양 가치와 이용 가능성에서 혁명을 일으켰다.

순무에 대한 몇 가지 사실   순무의 모양, 크기, 빛깔은 대단히 다양하다. 둥근 모양과 원통 모양, 노란색과 흰색 재배 품종을 구할 수 있다. 순무는 뿌리를 쓰려고 재배하지만 꼭대기의 녹색 잎 역시 잎채소로 사용할 수 있다. 봄의 어린 순무는 오래 묵은 것보다 훨씬 좋다. 나베트는 프랑스 순무다. 길고 가늘어서 당근을 더 닮았다. 프랑스 시장에서는 순무를 한데 묶어 다발로 만들어 팔고 있다. 전설에 의하면 핼러윈의 잭오랜턴은 원래는 더 화려한 색의 호박이 아니라 순무로 조각했다고 한다.

채소 파스타　　희한하게 생긴 스파게티 스쿼시는 작물에서 약간 참신성을 추구하는 가정 재배자들에게 아이돌이나 다름없다. 합성어인 스쿼게티를 필두로, 누들 스쿼시, 스파게티 매로, 채소 스파게티, 골드 스트링 멜론, 피시핀 멜론으로도 통한다. 스파게티 스쿼시의 흰색 껍질은 밝은 노랑 혹은 크림빛이 맴돈다. 익은 것을 40분 동안 삶아서 반으로 가르고는 스파게티를 닮은 과육을 긁어내 파스타 소스를 끼얹어 먹을 수 있다. 중국인들은 이 조리된 과육이 샥스핀을 닮았다고 여긴다.

아스파라거스

ASPARAGUS
Asparagus officinalis

●

백합과 LILIACEAE

야생 아스파라거스는 비옥한 나일 강과 인더스 강 인근 지역이 원산지이다. 이후 로마인이 유럽으로 전했다. 아스파라거스는 중세 시대, 수도원 텃밭에서 식용 및 약용으로 재배되었다. 고대 그리스인은 이를 치통이나 벌에 쏘인 곳을 치료하기 위해 사용하였고, 수도사들은 가슴이 벌렁거릴 때 이뇨제로 쓰라고 주었다. 아스파라거스로 16세기 및 17세기 이탈리아 베네토 주의 상업 재배자들은 엄청난 수익을 올렸고 고장을 부유하게 하는 데에 상당히 기여했다. 같은 시기 런던 노점상들은 아스파라거스 싹줄기 다발을 스패로그래스라는 이름으로 팔았다. 아스파라거스를 신세계로 가져간 이들은 초기 정착민들이다. 하지만 20세기 초 통조림 가공 덕분에 (질적으로는 갓 수확한 아스파라거스보다 훨씬 못하지만) 대중 소비가 가능해졌을 때 비로소 유용성이 널리 인정받았다.

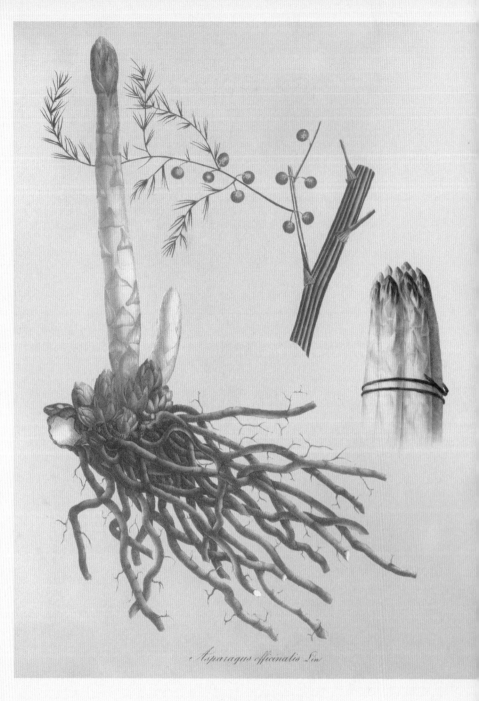

Asparagus officinalis Lin

〈아스파라거스〉 다색 석판화

엘리사 상팽 (연대 미상)

출전- 빌모랭 화집 / 빌모랭-앙드리외 & 시 (1850~1895)

아스파라거스는 언제나 호사스러운 음식인 동시에 대단한 별미로 여겨져왔다. 이는 (스페인인이 좋아하는) 흰색이거나 진한 녹색이다. 오래된 재배품종들로부터 나온 종류들이 지금도 여럿 재배된다. 16세기 네덜란드 출신인 '보랏빛 네덜란드', 끄트머리가 하얀 17세기 품종 '하얀 독일', (19세기부터 내려온) '코노버의 거대함'은 모두 아스파라거스 재배 연대기에서 유명한 이름들이다. 아스파라거스 전문가들은 최고의 싹줄기를 생산하는 것은 수그루라고 주장한다. '루쿨루스' '프랭클린' '색스턴'은 모두 현대의 수그루 재배품종이다.

콜라비에 대한 몇 가지 사실　　콜라비는 녹색 혹은 자주색이다. 독일어로 "양배추-순무"라는 뜻으로, 이 채소에 대해 많은 것을 알려주는 이름이라고 할 수 있다. 이는 순무와 같은 방식으로 조리되고 맛도 비슷하지만, 맛은 더 섬세하다고 생각하는 사람도 있다. 콜라비는 사과처럼 생으로 (혹은 강판에 갈아 샐러드에 넣어) 먹을 수도 있는데, 사과와 같은 크기일 때만 먹을 수 있다. 어린 잎은 시금치와 비슷한 방법으로 식용할 수 있다. 콜라비는 약효 성분 때문에 오랫동안 중국인에게 특히 높은 평가를 받았다. 그들은 콜라비가 훌륭한 강장제이며 몸의 균형에 이롭다고 보았다.

콩과 식물에 대한 몇 가지 사실　　콩과 식물(완두콩 및 콩)은 지구에서 재배된 가장 오래된 작물들에 속한다. 멕시코 동굴들에서 6000년 묵은 콩이 발견된 바 있다. 파바빈은 메소포타미아에서 4000년 전에 재배되었는데, 인류가 재배한 첫 번째 채소일지도 모른다. 고대 그리스인은 콩을 폴로에게 바치기에 걸맞는 것으로 여겼다. 콩은 심지어 정치에서도 사용되었다. 투표권 행사시 검은 콩은 "찬성"을 나타냈으며, 반면 하얀 콩은 "반대"를 표시했다. 고대 로마의 몇몇 통치자들은 자신들의 이름을 콩과 식물에서 땄는데, 키케로(병아리콩), 파비우스(파바빈), 렌툴루스(렌즈콩), 피소(완두콩) 가문들이 이에 포함된다.

오늘날 콩은 훌륭한 단백질 공급원으로 인정받으면서 채식주의 식단에서 맹렬히 활약한다. 콩에는 지방이 거의 없고 콜레스테롤은 아예 없으며, 철, 칼슘, 인, 섬유질이 풍부하다. 콩의 의학적 자질은 오랫동안 다양한 상황에서 높은 평가를 받아왔다. 전통 약초의들은 "밭콩과 들콩"은 여드름, 주름살, 종기, 멍, 신장결석, 상처의 염증, 좌골 신경통, 통풍을 치료할 때 큰 도움이 된다고 보았다. 한편 완두콩은 "피를 달콤하게 한다고" 생각했다.

마늘 약　　마늘의 약용 자질은 전설적이다. 중국, 바빌로니아, 이집트, 그리스, 거기에 로마 제국 전역에 걸쳐, 고대 의사들은 마늘을 언급했다. 1858년 프랑스 화학자이자 미생물학자인 루이 파스퇴르(1822-95)는 마늘의 항균력을 입증하는 실험을 시행했다. 그는 1/4 티스푼 정도의 생마늘 즙이 (페니실린 60밀리그램만큼이나 효과적으로) 세균을 박멸한다는 사실을 발견했다. 이 지식은 2차 세계대전에서 도움이 되었다. 당시에는 페니실린 부족 탓에 희석된 마늘 용액을 영국 및 러시아 군인들의 개방성 상처를 살균하는 데 사용해서 괴저 예방에 도움이 되었다. 현대의 약초의들도 암, 심장병, 고콜레스테롤, 소화 장애, 열, 감기 등에 여전히 마늘을 처방한다. 그래도 백일해 치료를 위해 어린애들의 양말에 마늘 송이를 넣는 영국 전통의 효능은 아직 입증되지 못했다.

아스파라거스 텃밭을 가꾸는 법

아스파라거스 텃밭에 놀라지 마시라. 일단 성공적으로 자리만 잡으면, 잘 가꾼 생산적인 텃밭은 연간 수확량을 30년까지 유지할 수 있다. 느린 과정이지만 장기 연금을 받는 셈이다. 왜냐하면 아스파라거스는 수확 후 가능한 한 빨리 먹어야 하는 채소들 중 하나이기 때문이다. 숙련된 재배자 겸 조리사라면 저녁 거리로 몇 줄기 뽑으러 아스파라거스 텃밭으로 가기 전 냄비에 물을 끓일 것이다.

1 먼저 여러 해 동안 건드리지 않고 둘 수 있는 장소를 고른다. 한 뿌리당 1제곱미터 정도를 허용해야 한다.

2 배수가 잘되는 토양이라면 어디든 좋다. 하지만 태양에 완전히 노출되는 동시에 모진 바람으로부터는 보호되는 위치여야 한다.

3 흙을 파 엎어 잡초를 모두 제거하고, 잘 썩은 퇴비를 다량 더한다.

4 봄에 서리의 위험이 모두 지나간 후 모를 심을 고랑을 판다. 이는 깊이와 너비 각각 25센티미터여야 한다. 고랑 간격은 75~90센티미터 간격으로 하고, 고랑마다 바닥에 퇴비를 더 추가한다. 그 위로 흙을 얇게 덮어 살짝 솟아오른 둔덕을 만든다.

5 둔덕 위에 아스파라거스 뿌리를 놓는데, 뿌리 조직이 다치지 않도록 주의한다. 뿌리를 약 5센티미터까지 흙으로 덮되, 구근의 초록빛 꼭대기는 빛에 노출되도록 한다. 물을 많이 준다.

6 식물이 자라남에 따라, 고랑을 흙으로 조금씩 메우는데, 모든 새순과 새잎은 반드시 지면보다 높도록 한다.

7 고랑이 꽉 차면, 원예용 퇴비로 뿌리를 잘 덮어 계속 김을 매준다.

8 첫 두 해 동안은 (아무리 유혹적이라도!) 어떤 싹줄기도 수확하지 않는다.

9 가을에 양치잎이 검게 시들면 잘라낸다.

10 세 번째 해, 그리고 그 이후로는 싹줄기가 15센티미터 높이에 달하면 지면 바로 윗부분을 잘라내지 말고 그냥 꺾어라. 싹줄기가 새로 자라나는 데에 해가 될 수 있기 때문이다.

콜라비

KOHLRABI
Brassica oleracea var. gongylodes
●
십자화과 BRASSICACEAE

콜라비는 서늘한 알프스 계곡에서도, 반쯤 사막인 뜨거운 지역에서도 잘 자라는 채소이다. 기원은 불분명하지만 고대 로마 작가 대(大) 플리니우스는 우리에게 익숙한 콜라비와 비슷한 식물을 설명하면서 이를 코린트 순무라고 불렀다. 유럽에서는 콜라비를 15세기 이래로 재배하고 먹어왔다. 하지만 오늘날 널리 구할 수 있음에도 불구하고 콜라비가 자신의 가까운 채소인 방울양배추, 브로콜리, 콜리플라워만큼의 인기를 누린 적은 결코 없었다. 중국인은 콜라비의 약용 자질을 높이 평가한다.

수확한 콜라비를 보면 뿌리채소로 오해하기 쉽다. 하지만 사실, 부풀어 오른 줄기와 잎 모두 땅 위에서 자란다(둘 다 먹을 수 있다). 몇몇 재배 품종들이 개발되었는데, 껍질 빛깔은 꽤나 다양하다. '푸른 별'은 푸른 품종들 중 하나고, '힘' '자주색 우아함' '자주색 비엔나'는

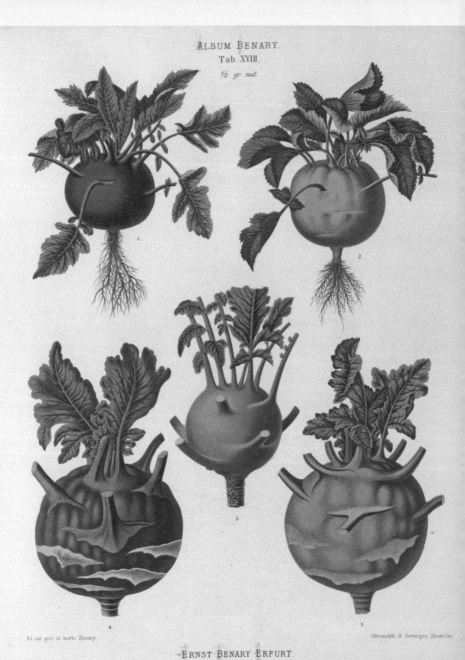

〈콜라비〉

에른스트 베나리 (1819~1893)

출전- 베나리 화집 / 석판인쇄 - G. 세브랭

보라색이다. 한편 하얀 종류로는 '라스코'와 '트레로'가 있다. '수퍼 슈멜츠'라고 불리는 흰색에서 연녹색까지의 빛깔을 띤 재배 품종도 있다. 이는 상당한 크기까지 자라도 달콤한 맛과 연한 과육을 여전히 유지하지만, 대부분의 콜라비는 골프공 크기 정도 되면 먹어야 한다. (테니스 공보다 크면 확실히 안 된다) 더 자라면 식감이 나무토막 같아진다. 충분히 작은 크기라면 껍질을 벗길 필요 없다. 얇게 저며서 샐러드에 넣어서 생으로 먹을 수 있고 살짝 쪄서 올랑데 소스를 곁들여 먹는다. 콜라비는 인과 비타민 C의 좋은 공급원이다.

아루굴라 아루굴라는 가장 오래된 채소류 중 하나인데, 최근 인기가 부활해 이제는 메뉴와 채소 판매대에 단골로 등장하고 있다. 1978년만 해도 제인 그리슨은 자신의 훌륭한 저서 『채소의 서』에서 아루굴라를 언급하며 "특별할 것 없는 샐러드 재료로 현재로는 지중해 지역 국가들에서만 먹는다. 존 에블린은 한때 자기 텃밭에서 이를 콘샐러드, 클래리, 쇠비름과 함께 재배했지만, 슬프게도 다른 채소들은 모두 우리의 샐러드 그릇에서 사라져버렸다"고 설명했다.

아루굴라에는 재배종(Aruca versicaria)과 야생종(Diplotaxis tenuifolia) 두 종류가 있다. 다른 잎채소들에 비해 특히 도드라지는 것은 얼얼하고 짜릿하고 매콤한 맛이다(하지만 자주 물을 주면 잎이 너무 매워지는 것을 막을 수 있다). 야생 품종이 더 탁월한 맛을 내며, 성숙할수록 잎의 풍미가 더 강해진다고 한다.

생물역학적적 방식으로 재배하기　　생물역학적 재배자들은 식물을 달의 위상 변화에 따라 키운다. 이 방식으로 재배된 생산물은 저장성이 더 좋은 것은 물론 영양소가 특히 풍부하다고 한다. 다양한 품종의 작물들이 네 가지 요소들에 따라 몇 군으로 나뉘어 특정한 날에 파종된다. 뿌리 채소(당근, 감자, 무 등)는 흙의 날에, 잎 식물(상추, 양배추, 기타 잎 작물들)은 물의 날에, 꽃 식물(브로콜리, 글로브 아티초크, 콜리플라워)은 공기의 날에, "과일"(토마토, 콩, 완두콩)은 불의 날에 파종해야 한다. 초승달이 뜨는 시기에 수확한 과일과 채소는 저장성이 좋지만, 바로 먹기에는 보름달에 거둔 것이 낫다고 한다.

토마토 말리기　　집에서 기른 토마토는 너무나 맛있지만 불행히 서늘한 지역에서는 수확 가능 시기가 상대적으로 짧다. 풍작을 만난 운이 좋은 사람들은 토마토 일부를 말려서 여름날의 이 경이로운 풍미를 보존할 수 있다. 모든 종류를 말릴 수 있으나 많은 사람들이 말리는 용도로 가장 좋은 것은 플럼 토마토라고 주장한다. 토마토들이 보조를 맞춰 건조되게 하려면 비슷한 크기로 골라야 한다. 줄기를 모두 제거하고 토마토를 반으로 잘라 철망 위에 놓고, 건드리지 않으며 제과용 접시 위에 걸친다. 천일염과 허브(바질과 마조람을 같이 뿌리면 토마토와 특히 잘 어울린다)를 흩뿌린다. 최하 온도로 설정한 오븐 속에 접시를 몇 시간 둔다. 자주 확인하다가 만졌을 때 마른 느낌이 오고 부서질 정도는 아닐 때 오븐에서

꺼낸다. 완전히 식힌 후 밀폐용기에 저장한다.

맛있는 토마토

토마토를 직접 재배하는 사람이라면 이 무르익은 따뜻한 과일을 줄기에서 곧장 따 먹는 비할 데 없는 쾌락을 이야기할 수 있을 것이다. 이 즐거움과 가게에서 산 토마토 사이의 차이가 어찌나 큰지, 가끔은 그것들이 같은 식물이라는 사실을 믿기 어려울 정도다! 상업적으로 생산된 토마토는 덜 익은 채로 딴 후, 빨갛게 만들기 위해 에틸렌가스 처리를 하는 경우가 태반이다. 하지만 설익은 토마토들을 해가 잘 나는 창가에 뒤집어서 두면 빠르게 익힐 수 있다. 통조림이 될 운명의 토마토들은 풍부한 맛과 영양을 보장하기 위해서 최고로 잘 익었을 때 딴다.

콩에 대한 미신

콩이 원뿔형 버팀대를 휘감고 있는 모습은 결백하기 그지없어 보일지 모른다. 그러나 이 평범한 콩과 식물은 죽음이나 사악한 행동들과 오랫동안 엮여왔다. 고대 그리스인은 장례식에 다녀오면 퍼질러 앉아서 콩 잔치를 벌였다. 이 채소는 가정집에서 귀신을 몰아내는 의식에서도 필수 역할을 수행했다. 피타고라스는 심지어 인간의 영혼은 사후에 콩이 된다고 믿었다!

로마인 역시 콩이 불길한 채소라고 생각했다. 영국 석탄 광부들은 콩이 꽃을 피울 무렵에 땅 밑에서 사고가 더 빈번히 발생한다고 믿었다(왜냐하면 콩 속에 죽은 자의 영혼이 산다고 생각했기 때문이다). 콩 꽃의 냄새는 악몽과 광기를 일으킨다고 믿었고, 스코틀랜드 전설에서 빗자루 대신 콩 줄기를 타는 마녀가 등장한다.

독이 있는 감자

나이트세이드 일족 혹은 가지 과는 방대해서 2800종 이상의 식물들이 들어간다. 비식용 친족들로는 담배와 나팔꽃으로 대표되는 개화성 덩굴식물이 있다. 식용 채소 군에는 감자, 토마토, 가지, 단 고추와 매운고추가 포함된다.

하지만 이 식용 식물들의 어떤 부분을 어떤 조건에서 먹을지를 두고는 특별히 조심해야 한다. 감자 및 토마토의 줄기와 잎에는 독이 있다. 감자는 어느 부분이건 녹색을 띄면 버려야 하는데, 이런 변색은 글리코알칼로이드 독이 생겼다는 뜻이기 때문이다. 고추에 맵고 자극적인 특성을 부여하는 화학물질은 캡사이신인데, 대단히 효율적인 페인트 제거제이기도 하다! 주의할지니, 많은 양을 섭취하면 죽을 수도 있기 때문이다. 맵고 자극적인 음식을 보다 절제하며 먹는다면, 고추에는 비타민 C 역시 풍부하다는 사실로 위안을 얻을 수 있을 것이다.

감자

POTATO
Solanum tuberosum

●

가지과 SOLANACEAE

현대 감자의 정확한 기원 및 선조를 두고 사람들은 갑론을박했다. 최근 알려진 바에 의하면 첫 번째 식용 감자는 기원전 5000년 무렵 안데스 산맥 고지에서 자라나 소비되었다. 이 작물은 남아메리카의 일교차가 큰 지역에 특히 잘 맞았다. 16세기 스페인 침략자들이 이 지역에 도착했을 때 재배 작물이 된 감자는 그들이 강탈해서 고국으로 가져간 보물들 중 하나였다. 감자 재배법은 유럽 전역과 그 너머까지 널리 퍼졌다. 이후 감자는 메이플라워호에 실려서 대서양을 반대로 건너 뉴잉글랜드까지 전해졌다.

유럽에서도 구할 수 있게 된 후에도 감자는 보편적으로 환영받지 못했다. 널리 받아들여지기까지 오랜 시간이 걸렸다. 제대로 저장하고 조리하지 않은 녹색 감자는 독성이 강한데, 그래서 많은 사람들은 감자가 유독한 채소라고 믿게 되었다. (누가 뭐래도 감자는 치명적인 나

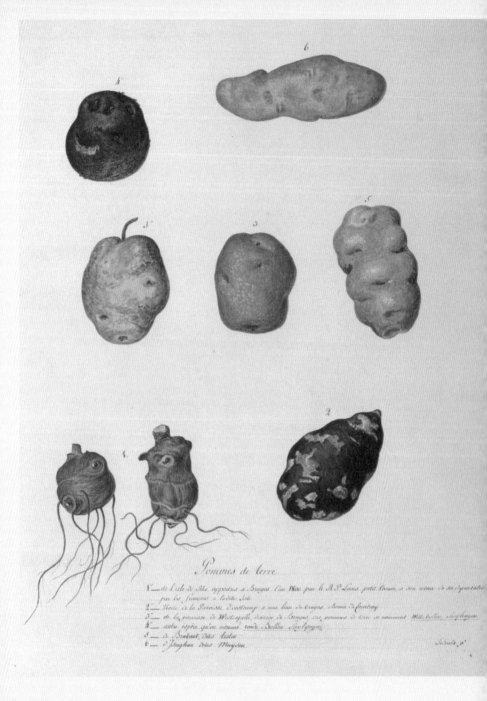

〈감자〉

어느 플랑드르 화가의 고무 수채화 (연대 미상)

출전– 야채 모음집 / 요제프 반 휘어너 남작 (1970~1820)

이트셰이드 일족인 것이다.) 하지만 녹색 감자는 절대 먹으면 안 된다는 사실이 알려지고 나자 감자는 많은 음식에서 확고한 주역이 되었다. 감자는 무수히 많은 방법으로 조리하고 손질할 수 있다. 흔하고 비교적 싸다 보니, 슬프게도 많은 부엌에서 함부로 다뤄지곤 한다. 감자는 튀김솥에서 기름에 푹 잠겨 칩이나 튀김이 되거나, 아니면 으깬 감자 가공품으로 변형된다. 다채로운 빛깔의 토종 재배품종에 대한 관심이 부활하며 많은 조리사들이 감자를 주목하고 있어 감자는 다시 존중받고 있다.

마늘에 대한 미신 향기로운 마늘을 둘러싼 전설과 미신은 여러 나라와 문화에서 발견된다. 그 기원을 마늘의 산스크리트어 이름에서 찾을 수 있다. 이를 문자 그대로 해석하면 "괴물의 살해자"가 된다. 트란실바니아에서 마늘은 (연애의 진도뿐 아니라) 뱀파이어, 악마, 늑대 인간을 물리친다는 명성을 얻었다. 중국, 일본, 인도, 소아시아에서는 사악한 눈과 마법을 물리치기 위해 사용되었다. 스코틀랜드인들 역시 만성절 이브(10월 31일)에 악령을 쫓기 위해 집에 마늘을 걸어두었다. 16세기 독일 광부들은 지하로 내려갈 때 악마로부터 스스로를 보호하기 위해 마늘을 가져갔다.

여름 스쿼시 껍질이 딱딱하기 때문에 몇 달씩 보관할 수 있는 겨울 스쿼시와 호박과 달리, 여름 스쿼시는 껍질이 부드러워 어릴 때 수확해 재빨리 먹는 게 최고다. 여름 스쿼시는 세 종류로 나눌 수 있다. 길쭉한 종류(곧은 것과 구부러진 것), 이탈리아 종류(녹색과 금색의 주키니와 코코젤), 커스터드 매로라고도 하는 아리따운 가리비 모양의 스쿼시들. 밝은 오렌지색, 연녹색, 녹색과 노랑 줄무늬가 그어진 하얀색, 순수한 하얀색 등 다양한 빛깔의 재배 품종들이 있다. 자그마할 때 따서 주키니호박처럼 손질한다.

호박 씨앗

호박과 스쿼시의 중심부에 있는 풍부한 씨앗들을 버리면 안 된다. 미국 원주민들은 이 씨앗의 약용 성분을 오랫동안 높이 평가했다. 여기에는 마그네슘, 철, 아연이 풍부하다. 현대의 연구자들은 과육이 항암 카로티노이드를 함유한다는 사실 역시 밝혔다. 씨앗을 말리면 샐러드 및 아침식사용 시리얼에서 대단히 영양가 높고 맛있는 고명으로 이용할 수 있다. 직접 만들려면 씨앗의 끈적거리는 과육 찌꺼기를 모두 제거해가며 조심스럽게 씻고 물을 뺀다. 제과용 쟁반에 펼쳐놓고 천일염을 흩뿌려서 뜨거운 오븐에서 약 5분 굽는다. 식힌 후, 밀폐용기에 저장한다.

토종 감자를 기르는 법

너무나 많은 가게들이 실망스러울 정도로 적은 감자 재배 품종만 제공한다. 어쩌면 그래서 몇몇 조리사들이 이 채소를 존경심 없이, 소금물에 삶거나 기름에 바싹 튀기는 것 이상의 모험을 감행하지 않는지도 모른다! 이는 감자에게 크나큰 수치라고 할 수 있다. 토종 재배자들이라면 알고 있듯이, 탐구할 만한 흥미진진한 감자 재배종이 온통 상이한 식감 및 빛깔로 경이로운 선택 가능성을 고대하기 때문이다.

1 질병 피해를 최소화하기 위해 윤작법을 사용해서 감자를 재배한다(16페이지를 볼 것). 이를 절대 토마토, 고추, 가지 다음으로 경작하지 않는다.

2 심기 전, 감자 덩이줄기에 "싹이 나" 있어야 유리하게 출발할 수 있다. 씨감자의 "눈"들이 대부분 위쪽을 향하도록 쟁반에 얹어서 빛이 잘 드는 실내에 둔다. 곧 뿌리혹들이 나타날 것이다. 두세 개가 발달하고 나면 덩이줄기를 심을 준비가 된 것이다.

3 조생 재배품종은 10센티미터 깊이의 구멍 속에, 중생종은 20센티미터 깊이로, 싹을 제일 위로 해서 심는다. 전통적으로는 심기 전 구멍 바닥에 젖은 신문이나 짚으로 바닥을 깔고 잘 섞은 퇴비를 더한다. 흙으로 다시 메우면서 심은 위치를 알아보는 데 도움이 되도록 살짝 솟은 둔덕을 만든다. 30센티미터 정도 간격으로 거리를 두며 심는다.

4 싹이 나오면 각 식물 주위의 흙이 살짝 솟아 있는지 확인하고, 감자가 늘어선 줄을 따라 둔덕을 만든다. 이는 흙 바로 밑에서 성장 중인 덩이줄기에 빛이 닿아 녹색으로 변하는 것을 방지할 것이다.

5 풍작을 위해서는 꽃이 나면 따버려야 한다.

6 거두고 나면 조생 및 중생 재배 품종은 2주 이상 보관할 수 없으니, 필요할 때마다 캔다. 갈퀴로 감자를 캘 때는 과육을 찌르지 않도록 주의한다. 더 좋은 것은 방법은 갈퀴를 사용해 흙 속을 "더듬거나" 아니면 파서 감자를 잡아 뽑는 것이다.

7 중생종 감자는 캔 후 햇빛 속에 하루 동안 놔둬서 건조한다.

8 종이나 삼베 봉투에 넣어 서늘하고 건조한 곳에 저장하는데, 빛에 노출되지 않도록 확인한다.

양배추

CABBAGE

Brassica oleracea var. capitata

●

십자화과 BRASSICACEAE

원조 야생 양배추는 북유럽 해안이 원산지이다. 오랫동안 그곳 식단의 주역이었고 로마 점령군도 소비했다. 양배추는 수 세기에 걸쳐 널리, 열광적으로 재배되었고, 온갖 다양한 형태와 재배 품종들이 생겨났다. 양배추는 재배 철에 따라 북쪽에서는 봄이나 가을 작물, 남쪽에서는 겨울 작물로 분류된다. 형태 및 잎 종류에 따라 헐겁거나 결구하거나, 뾰족하거나 둥글거나, 흰색이거나 녹색이거나 붉은색으로 분류된다.

사보이 양배추야말로 모든 양배추 중에서도 가장 사랑스러운 양배추이다. 아물린 속잎이 매혹적인 톱니 모양 가장자리의 동그랗게 말린 커다란 잎으로 감싸여 있다. 사보이 양배추는 날로 조리해서 먹을 수 있으며, 넉넉한 잎은 소를 채워 넣기에도 이상적이다. 콜라드 그린은 훨씬 작고 잎이 헐거우며 속잎을 형성하지 않는다. 하얀 결

Brassica oleracea

〈조생종 사보이 양배추〉 다색 석판화

엘리사 샹팽 (연대 미상)

출전- 빌모랭 화집 / 빌모랭-앙드리외 & 시 (1850~1895)

구가 형성되는 종류는 보통 콜슬로 및 자우어크라우트에 사용된다. 적채가 밭에서 자라는 모습은 접시 위에서의 모습만큼이나 근사하다. 매끄럽고 반짝이는 붉은 잎들은 속잎 주위에 단단히 말려 있는데, 이와 대조적으로 줄기가 하얘서 자르면 복잡한 패턴을 보여준다. 적채는 전통적으로 피클을 담지만, 향신료를 뿌려 다진 사과랑 같이 천천히 구우면 맛있는 채소 곁들이도 된다.

많은 배추 속 채소처럼, 양배추는 극도로 높은 수준의 영양소를 제공하며, 암을 억제하는 성분이 있다고 알려져 있다.

프로이트적 채소들　　지크문트 프로이트는 무언가를 먹는 꿈은 성적 행위를 뜻한다는 이론을 내세웠다. 싸구려 대중문화에서는 많은 채소들을 음경의 시각적 상징으로 사용하며 몇몇 미신에서는 음경 모양 채소가 사실은 정력제라고 주장한다.

비록 근거는 모호하지만, 꿈 해석의 심오한 세계에서는 특정 채소들은 다양한 의미를 나타낸다고들 한다. 예를 들어 꿈의 세계에서 콜리플라워와 마주친다면 관대한 행동을 기대하라. 피망은 차가운 사색가를 의미하며, 한편 호박은 장난기를 상징한다.

근대와 비트 형제　　식물학적 개념상 비트와 근대는 동일한 식물이다. 모양새와 맛은 매우 다르지만 둘 다 근사한 빛깔을 갖고 있다. 상업적으로 생산되는 비트들은 보통 진한 붉은색이지만, 가정 재배자들은 하얀 과육의 '백설공주'('Albina Vereduna'라고도 한다) 같은 흥미로운 품종들을 고를 수 있다. 19세기의 '황금'은 그 이름에 부끄럽지 않게 조리하면 황금빛으로 바뀌는 선명한 오렌지색 뿌리가 있다. 오늘날에는 진한 녹색잎이 하양, 빨강, 노랑, 분홍, 오렌지색 줄기에서 돋아나는 근대의 혼합 종자 꾸러미가 종종 '무지개'라는 이름으로 팔리고 있다.

셰이커 종자

19세기의 반체제 그리스도교 종교 집단 재림신자 연합회(더 흔하게는 셰이커 교도로 통한다)는 북미에서는 처음으로 식물 종자를 상업 생산했다. 그들의 종자의 품질은 유명해서, 엄청난 양의 종자가 담긴 푸대자루가 농부들에게 대량으로 팔렸다. 가정 텃밭 재배자들은 종이봉투 포장을 소량으로 살 수 있었는데, 오늘날 어디서나 볼 수 있는 종자 꾸러미의 선구자인 셈이다.

1835년 연합회는 『원예가의 지침서』를 출간했다. 이 소책자는 종자 카탈로그 겸 설명서였는데, 연합회의 종자 유통 업자들을 통해 선전되어 1만 6000권 팔렸으며, 1843년에는 개정판이 나왔다. 그들의 사업은 수익성이 매우 좋아서, 뉴욕 주 컬럼비아 군의 뉴 레바논 공동체는 단 한 해에 1만 달러라는 아찔한 수익을 올렸다. 제공되는 종자 품종 중에는 덩굴콩 인 '클랩보드', 당근인 '앨트링엄', 스쿼시인 '겨울 구부렁이', 순무인 '긴 맥주잔'이 있었다.

고구마의 간단한 역사　　달콤한 감자(sweet potato)라는 이름에도 불구하고 고구마(Ipomoea batatas)는 감자와 친족관계가 아니다. (사실이 아니지만) 마, 혹은 스페인 감자로도 통하는 이 덩이뿌리는 중앙아메리카 출신으로 (그리고 아마 아시아 원산일 것이다), 진짜 감자가 등장하기 전부터 유럽에서 먹어왔다. (1493년 콜럼버스가 이를 미국에서 유럽으로 가져왔다.)

　설탕에 조린 고구마는 추수감사절 메뉴에서 없어서는 안 되는 음식인데, 붉은 종류와 흰 종류 모두를 사용할 수 있다. 영국 튜더 왕조 시대 사람들은 고구마를 최음제로 여겼다. 최음제로서 효과가 있건 말건, 고구마가 높은 수준의 베타 카로틴을 함유하며 철, 칼륨, 비타민 C의 탁월한 공급원이라는 사실에는 의심의 여지가 없다.

거대 채소　　거대 채소를 떠올릴 때 던져야 할 질문은, 그 채소들이 얼마나 큰지가 아니라 애당초 그것들을 왜 재배하느냐가 아닐까? 전 세계 방방곡곡의 나라들에는 사람 머리통만 한 양파나 십대 아이의 키만 한 주키니호박을 재배하는 일에 엄청난 양의 에너지를 바치는 헌신적인 재배자 무리들이 있다. 여기서 현행 기록들을 열거해봤자 반박과 수정 요구만 불러올 것이다. 이 글을 쓰고 있는 지금도 이 행성의 방방곡곡에서 거대 주키니호박이 재배되어 기괴하고 거대한 모습으로 부풀어 오르고 있거나(50킬로그램짜리가 없다고는 못한다), 10킬로그램이 넘는 괴물 같은 당근이 있을 것이다. 나는 궁금하다, 어째서? 분명 맛 때문은 아니다. 모든 가정 재배자들이 알다시피 가장 맛있는 채소는 작고 연할 때 딴 것들이지, 속담에서 말하듯 오래된 장화처럼 질긴 거대한 것들이 아니다. 나는 모든 채소 재배들에게 작은 것이 아름답다는(그리고 훨씬 맛있기도 하다는!) 말을 기억하라고 간곡히 청하고 싶다.

감자 파종   첫 감자를 언제 심을 것인가라는 질문은 재배자들을 괴롭한다. 영국 민간에서 전승되어온 지침은 감자 파종자가 숙련된 조류학자일 때나 통한다. 체셔 지방에서 노란 할미새는 감자 방문객으로 통한다. 이 새의 첫 등장은 감자 파종철이 다가왔음을 예고하기 때문이다. 어떤 사람들은 이 압운시를 권한다. "뻐꾸기 울음소리가 들리면 태티를 꺼내 심을 때로다." (태티는 감자의 사투리다.)

가지

EGGPLANT
Solanum melongena

가지과 SOLANACEAE

가지는 고대 채소이다. 인도가 원산지로 추측되며, 아프리카, 중국, 근동에서도 수세기 동안 재배되었다. 이 채소는 5세기 중국 문헌에서도 언급되고 있다. 작은 재배 품종들의 기원은 이곳으로 여겨진다. 가지는 16세기 북유럽에서 등장하지만 이보다 훨씬 일찍 스페인 남부 같은 따뜻한 지역에서 재배되었을 가능성도 적지 않다. 나이트셰이드 일족의 구성원으로서, 처음 수입된 가지는 조심성 많은 유럽인들에 의해 무언가 수상쩍은 것으로 여겼다. 독이 있다고 생각한 것이다(토마토와 감자가 그랬듯이). 스페인인은 가지를 베렝헤나스 혹은 "사랑의 사과"라는 이름을 붙여 미 대륙으로 들여왔다. 다른 이름으로는 "유대인의 사과' 혹은 '미친 사과'가 있으며, 인도에서는 '브린잘'로 통한다.

〈자줏빛 난쟁이 가지와 커다란 자줏빛 가지〉 다색 석판화

파게 (연대 미상)

출전- 빌모랭 화집 / 빌모랭-앙드리외 & 시 (1850~1895)

오늘날 가장 흔하게 팔리는 가지는 큼직한 배 모양의 자줏빛 가지지만, 가정 재배자들은 초록, 하양, 분홍, 노랑, 심지어 줄무늬 껍질이 있는 타원 및 공 모양 품종들의 종자를 쉽게 구할 수 있다. 서늘한 북쪽 기후에서는 온실 안 따뜻한 환경에서 재배해야 한다.

아프리카 가지와 에티오피아 가지, 두 종은 쓴맛이 난다(가끔은 "콘스탄틴 유대인의 토마토"라고도 불린다). 쓴맛 나는 가지는 아시아와 아프리카 조리에서 높은 평가를 받는다.

브로콜리와 스프라우팅 브로콜리

브로콜리와 스프라우팅 브로콜리의 차이점이 뭘까? 브로콜리는 크고 빡빡하게 아물린 두상화에 제법 굵은 줄기가 있는 반면, 스프라우팅 브로콜리에는 다육성 줄기에서 훨씬 작고 더 벌어진 두상화가 피어난다. 둘 다 맛있고, 양배추과 채소에 대한 기대에 부합하는 높은 수준의 영양소를 함유하는데, 특히 암 억제 성분이 풍부하다.

영양소를 (그리고 풍미를) 보존하려면, 이 맛있는 채소를 살짝 쪄서 올리브 오일과 식초 혹은 레몬즙 같은 간단한 드레싱을 뿌린다. 브로콜리는 얇게 저며서 샐러드에 넣어 생으로 먹을 수도 있다.

이따금씩 미니 스프라우팅 브로콜리처럼 보이는 채소를 가게에서 구할 수 있는데, 이는 브로콜리라브, 브로콜리라프, 브로콜리니 등의 이름으로 통한다.

리크의 간단한 역사　　길고 가느다란 잎이 오늘날 우리가 재배하는 채소와 사뭇 달라 보이긴 해도, 이집트 무덤에서 기원전 1550년까지 거슬러 올라가는 리크 화석이 발굴되었다. 리크는 로마인도 재배했는데 줄기는 호리호리하고, 끄트머리에 매우 도드라진 구근이 달려 있었다. 로마인은 내한성 리크 역시 먹었다고 알려져 있다. 이 리크는 프랑스의 시골 일부에서 여전히 야생으로 자라고 있으며, 캐나다 및 미국 북부의 몇몇 주들에도 알려져 있다(이곳들에서 이는 "램프"로 통한다).

　　리크는 맛있고 쓸모가 많은 채소인데, 특히 어릴 때 뽑은 것을 너무 익히지 않았을 때 그렇다. 이는 유명한 스코틀랜드 수프 코카리키에서 빼놓을 수 없는 재료이며, '스코틀랜드의 깃발'은 최고의 토종 재배 품종들 중 하나다. 스코틀랜드 머셀버러 출신으로, 1834년 J. 하드캐슬에 의해 개발되었다. 그렇기에 가끔 '하드캐슬의 머셀버러' 혹은 '머셀버러의 거인'으로 통한다.

채소의 통일성　　2008년 유럽연합이 통과시킨 퍽이나 우스꽝스러운 법안이 철폐되었다. 스물여섯 종의 과일 및 채소를 뽑아 "단일 규격 규정"을 설정하는 법이었다. 이 규정은 두 갈래 당근이나 구부러진 오이, 둘레가 12센티미터 이하인 콜리플라워, 총 길이의 80퍼센트 이상이 녹색이지 않은 아스파라거스처럼 규격에서 벗어난 것들을 판매하는 것을 금지했었다! 불행히도 상추, 토마토, 단 고추, 그리고 몇몇 과일들은 아직도 완벽한 먹을거리에 대한 관료주의적 관념의 지배를 받고 있다.

채소를 탈색하는 법

어떤 채소들은 재배 도중 풍미 및 식감을 개선하기 위해 탈색을 해주는데, 그 결과 생산물은 더 연해지고 쓴맛은 훨씬 줄어든다. 어리고 연한 새순을 빛으로 부터 보호하는데, 그 결과 식물은 엽록소를 덜 생산해서 보통 때보다 훨씬 옅은 빛깔이 된다. 이런 식의 처리가 가능한 채소로는 아스파라거스, 카르둔, 셀러리, 벨지언 엔다이브, 리크, 대황, 갯배추가 있다.

벨지언 엔다이브 탈색
1 그냥 식물의 중심부 위에 접시를 뒤집어놓는 것만으로도 엔다이브의 어린 속잎의 풍미는 크게 개선된다.

셀러리 탈색
1 성장 중인 줄기를 종이로 감싸고 종이 주위로 흙을 쌓아 올린다.

리크 탈색
1 리크 탈색에는 두 가지 방법이 있다. 어린 식물이 자라남에 따라 하얀 줄기를 조금씩 흙으로 덮어주는데, 단 잎이 뻗어나기 시작하는 곳까지만 덮도록 한다.
2 다른 방법으로는, 어린 리크 모종이 손가락 길이 정도가 되면 마분지 관을 덮어씌워서 그 안에서 자라도록 한다.

치커리(라디키오 및 슈거로프 품종) 탈색
1 이파리들을 조심스럽게 실로 둘러서 한데 묶되, 너무 꽉 묶지는 않으며 속잎들이 빛을 받지 않게 한다. 수확하기 약 열흘 전에 해야 한다.

대황 탈색
1 11월 말 식물에 짚을 두르고 큼직한 도자기 화분이나 양동이를 덮어씌워 빛과 겨울의 냉기를 막아준다. 이 아늑한 환경에서 대황은 지금이 봄이라고 짐작해 잎이 무성해지는 대신 밝은 빛깔의 새순이 돋기 시작한다. 그 결과 호리호리한 줄기는 특별히 연하고 즙이 많아진다. 대황 탈색을 촉성 재배와 혼동해서는 안 된다. 촉성 재배는 뿌리를 들어내서 난방 중인 어두운 환경에서 재배하는 것을 포함한다. 보통 상업적 규모로 행해진다.

셀러리

CELERY
Apium graveolens

미나리과 APIACEAE

오늘날 우리가 먹는 줄기 셀러리의 조상인 야생 셀러리는 그리스인에게 너무나 인기를 끈 나머지, 기원전 628년 시칠리아에 식민도시 셀리눈테를 설립할 때에도 셀러리를 동전에 새겨 넣었다. 이 식물은 멜로디와 리듬의 창조자인 신화 속 인물 리노스의 제의에서 핵심역할을 했다. 로마인이 경작했으며 약용 성분은 중세 내내 높이 평가받았다. 오늘날 우리가 셀러리로 생각하는 엷은 빛깔의 탈색된 품종은 16세기 이탈리아 및 프랑스에서 식용으로 재배되었으며, 이후 유럽 출신 식민지 주민들이 신세계로 도입했다.

몇몇 현대 재배 품종들은 알아서 탈색되지만 이 경우 겨울이 꽤나 온화해야 한다. 내한성이 더 좋은 재배 품종들은 밑동 주위에 흙을 쌓아 올려야 탈색된다. 이 녹색 종류들은 '파스칼', 흰색 종류들은 '골든'으로 통한다. 후자는 녹색 종류들보다 더 아삭아삭하고 덜

Apium graveolens

〈곱슬잎 백셀러리〉 컬러 석판인쇄

E. 고다르 (E. Godard, 연대 미상)

출전 – 빌모랭 화집 / 빌모랭–앙드리외 & 시 (1850~1895)

쓰다. 꽤나 헷갈리지만, 셀러리 한 줄기라고 하면 다발 전체를 말하고, 낱 줄기는 립이라 부르며, 연한 중심 립은 셀러리 속잎으로 통한다. 속잎은 종종 따로 판매되며, 이 채소에서 가장 탁월한 부분으로 여겨진다. 셀러리 잎은 먹지 마시라. 왜냐하면 종종 쓴맛이 나는 데다 가벼운 독성을 띠기 때문이다. 신선하고 아삭아삭한 셀러리는 생으로 먹는 게 최고인데, 살짝 소금 간을 하거나 소스에 찍어서 전채로 먹는다. 셀러리가 시들기 시작했다면 수프와 스튜의 탁월한 첨가물이 될 수 있다.

너의 배추 속 식물들을 알지어다

브라시카 올레라케아는 배추 속의 서른 가지 종 가운데 하나에 불과하지만, 가장 높은 평가를 받는 (그리고 가장 영양가 있는) 녹색 잎채소 여럿을 포함하고 있는데, 다음의 일곱 가지 종류로 나뉜다.

Brassica oleracea var. acephala : 케일
Brassica oleracea var. capitata : 적채
Brassica oleracea var. italica : 브로콜리
Brassica oleracea var. gemmifera : 방울양배추
Brassica oleracea var. gongylodes : 콜라비
Brassica oleracea var. alboglabra : 카이란

다른 인기 있는 배추 속 식물들로는 루타베가 혹은 스웨드, 순무, 복초이가 있다.

비범한 방울양배추　　방울양배추만큼 극단적인 사랑과 증오를 불러일으키는 채소는 거의 없다. 이는 영국에서 가장 인기 없는 채소로 뽑힌 바 있는데, 다른 나라들에서도 마찬가지 결과가 나오더라도 이상할 건 없다! 이제 과학자들은 그저 현대의 악감정으로만 보이는 편견이 사실은 우리의 네안데르탈인 조상들에게까지 거슬러 올라갈 수 있다는 사실을 발견했다. 그들과 우리는 확실히 인구의 일정 비율로 하여금 페닐치오카바마이드라는 쓴맛 나는 화학물질을 싫어하게 만드는 유전자를 공유하는데, 페닐치오카바마이드는 방울양배추의 쓴맛을 내는 식물 화학물질과 유사하다. 이 혐오감을 가진 사람들에게는 안된 일이다. 왜냐하면 방울양배추의 영양 가치는 전설적이기 때문이다. 방울양배추는 암을 억제하는 강력한 성분이 있을 뿐만 아니라 여타 이로운 화합물로 비타민 A, B6, C, E, K, 칼슘, 구리, 식이 섬유, 엽산, 철, 망간, 오메가 3, 칼륨을 함유한다.

조리할 것인가 말 것인가　　중론과는 반대로 사실 조리하면 생으로 먹을 때보다 채소의 영양가가 더 높다. 아스파라거스, 브로콜리, 양배추, 당근, 고추, 시금치, 토마토, 주키니호박이 여기 속한다. 이 채소들은 모두 (튀기거나 볶을 때는 아닐지언정) 간단히 삶거나 살짝 찔 때, 카로티노이드와 페룰산 같은 이로운 항산화물질을 더 많이 제공한다. 하지만 단점도 있다. 조리 중 비타민 C는 감소한다.

브랜디와인 토마토   토종 토마토 '브랜디와인'은 많은 가정 재배자들에게 최고의 재배품종으로 알려져 있다. 큼직한 '비프스테이크' 종류들 중에서는 확실히 그렇다. 이는 감자잎 토마토로, 진짜배기 토마토 맛이 나는 아주 크고 즙이 많은 열매가 달린 덩굴은 활기차게 성장하며, 매우 풍요로운 작황을 보여준다. 희미하게 자줏빛이 도는 진한 붉은빛이야말로 이 열매의 특징이다. 헷갈리게도 '노랑 브랜디와인'으로 불리는 오렌지빛 재배 품종 역시 구할 수 있다. 브랜디와인은 미국에서 최소한 1886년부터 재배되었다. 종자 카탈로그들에는 흔히 아미시 파가 처음 재배했다고 적혀 있지만 입증된 사실은 아니다.

식용 수세미   서구 사회에서는 희한한 채소로 통하는 수세미오이는 빠르게 성장하는 덩굴식물이다. 번성하려면 아시아 일부 지역들처럼 따뜻해야 한다. 수세미오이는 작고 어릴 때는 식용으로만 사용된다. 오이와 주키니호박의 교잡종 같은 모양이지만 훨씬 짧고 통통하다. 성숙하면 수세미오이에 스펀지 같은 섬유질이 형성된다. 말려 껍질을 벗기고, 세척한 후에는 욕실 등 닦개나 설거지 수세미로 사용할 수 있다. 이렇게 쓸모가 많은 식물의 다른 이름들로는 행주 수세미, 스펀지 박, 중국 오크라가 있다.

원기를 회복시키는 무   오늘날에는 무를 어리고 연할 때 뽑는다. 너무 크면 나무토막처럼 질겨지기 때문이다. 그리스인과 로마인은 생각이 달라서, 무의 무게가 45킬로그램에 달할 때까지 기다렸다가 수확했다. 이런 거대 무는 샐러드에서 버무리는 대신 약용 성분으로 사용했을 가능성이 높다. 무에 치유력이 있다고들 한다. 무가 효과 좋은 해독제이며, 주근깨를 제거하고, 뱀에 물린 상처를 치료하며, 출산의 고통까지 완화한다고 한다. 로마인은 무에 꿀과 말린 양 피를 넣고 짓이겨 발모제로도 사용했다.

리크

LEEK
Allium porrum
●
부추과 ALLIACEAE

고대 이집트 무덤들에서 현대 리크의 자취가 발견되었다. 리크는 그리스인과 로마인의 식단에 오르기도 했다. 오늘날, 리크는 길고 하얀 줄기를 얻으려고 재배한다. 이는 양파보다 순한 맛으로, 많은 조리법에 미묘한 풍미를 준다. 리크는 웨일스의 국가 상징이며, 자부심 강한 웨일스 남녀는 매년 5월 1일 성 데이비드 데이에 리크를 모자나 저고리에 단다. 전설에 의하면, 640년 웨일스인들이 색슨인들에 맞서 전투에 돌입했을 때, 성 데이비드가 그들에게 근처 밭에서 뜯어온 리크를 모자에 달라고 강권했다고 한다. 그 결과 아군과 적군을 쉽게 구별할 수 있었다. 웨일스인이 승리한 것으로 보아 술책이 제대로 먹힌 모양이다.

지금도 구할 수 있는 토종 재배 품종들 중 (종종 '가을 매머드' 혹은 '한니발'로 불리는) '가을 거인'이 있다. 이는 추운 기후를 아주 잘 견디

Allium porrum

〈리크〉 컬러 석판인쇄

엘리사 샹팽 (연대 미상)

출전 – 빌모랭 화집 / 빌모랭–앙드리외 & 시 (1850~1895)

며, 겨울에 수프를 만들기에는 완벽한 크고 통통한 줄기가 있다. '힐러리'는 길고 튼튼한 줄기가 있는데, 더 따뜻한 계절에 아직 가늘고 연할 때 수확하는 게 좋다.

많은 사람들이 리크에는 전부 꼭대기에 진녹색의 길고 좁은 잎이 달린 하얀 줄기가 있다고 생각하지만 이는 사실이 아니다. 19세기 프랑스 재배 품종 '라지 옐로 푸아투'는 노란 줄기가 있으며, '블루 그린 솔레즈'와 '생 빅토르' 둘 다 차가운 날씨에는 잎이 보라색으로 변한다.

글로브 아티초크

GLOBE ARTICHOKE
Cynara scolymus
●
국화과 ASTERACEAE

아름다운 글로브 아티초크는 채소의 귀족으로 여겨지지만, 사실 먹을 수 있는 엉겅퀴 이상은 아니다. 일찍이 기원전 2000년부터 중동에서 재배되고 소비되었으며, 고대 로마의 부엌에서 (잠재적 최음제라고 믿어지며) 인기를 끌었다. 르네상스 시기에 글로브 아티초크는 먹을거리로 인기를 누렸으며, 17세기 이탈리아의 몇몇 그림에도 나타난다. 북미에는 루이지애나의 프랑스 정착민들과 서부 연안의 스페인 모험가들이 도입했다고 한다.

아티초크는 녹색이나 자주색이다(하지만 둘 다 조리 후에는 녹색이다). 자주색 종류들은 제철 후반에 수확되는데, 작고 연하며 더 훌륭한 맛을 낸다고 여겨진다. 자주색 품종들 중 '비올레토'와 '로마네스코'가 특히 인기이다. 이름 그대로인 '그린 글로브' 역시 확고한 애호 품종이다. 베이비 아티초크도 가끔 시장에서 찾을 수 있는데 식물의 내부

Cynara scolymus

〈아티초크〉
바실리우스 베슬러(큰 그림) 엘리사 샹팽 (작은 그림, 연대 미상)
출전 - 아이히스테터의 정원 & 빌모랭 화집 / 조지 맥 (1613), 빌모랭-앙드리외 & 시 (1850~1895)

부분인 초크가 아직 발달 못한 작고 미성숙한 싹을 말한다. 더 성숙한 아티초크에서는 먹기 전 이 털투성이 초크를 제거해야 한다.

글로브 아티초크를 예루살렘 아티초크와 헷갈려서는 안 된다. 이는 동일한 이름의 두상화만큼 매력적이지는 못한, 검은 껍질의 덩이줄기다. 또한 중국 아티초크와도 헷갈리면 안 되는데, 이는 하얗고 울퉁불퉁하다.

너의 회향을 알지어다　　회향에는 두 종류가 있다. 맛있는 알뿌리를 얻으려고 재배하는 것(Foeniculum vulgare var. dulce)과, 잎과 씨앗을 얻으려고 재배하는 키 큰 허브(F. vulgare)다. 알뿌리 종류는 이탈리아에서 얼마나 인기인지 보여주려는 듯이 플로렌스 펜넬로 통한다. 씨가 꽤나 빨리 맺히는 편인데 봄에 파종할 경우, '제파 피노' 재배품종은 꽃대가 잘 올라오지 않는다. 바싹 붙여서 파종하면 알뿌리를 어리고 작은 상태로 수확할 수 있다. 다양한 재배 품종들의 순수성을 보존하고 싶다면, 허브 및 채소 종류들을 서로 상당한 거리를 두고 재배해야 한다. 곤충에 의해 쉽게 타화수분되기 때문이다.

콩에 담긴 역사　　콩의 품종 중 몇몇은 역사상 중요한 순간들을 기리고 있다. 덩굴성 강낭콩인 '체로키의 눈물의 길'은 1883년 쫓겨난 미국 원주민 체로키 부족의 역사적인 행진을 상기시킨다. 그들은 새로운 고향으로

나아가면서 바로 이 콩의 종자를 가져갔다고 한다. 전설에 의하면 버지니아 길가에서 자라고 있던 토종 콩 '핸더슨'은 남북전쟁에서 귀향하던 한 병사에 의해 발견되었다(이는 처음 상업적으로 판매될 때는 '숲의 무성한 덤불'이라는 이름이었는데, 이후 1887년 뉴욕의 피터 핸더슨에게 팔리면서 다른 이름이 붙여졌다). 이보다는 다소 평이한 기록으로 금전적 압박을 받던 개척민들 및 상업 재배자들이 풍작을 기대하며 파바 빈인 '지대납부자'를 파종했다는 얘기가 있다. (전설적인 다작 토마토 '저당 해제자'와 꽤 비슷한 얘기다)

루터베이거에 대한 몇 가지 사실　　북미에서는 루타베이거로 불리는 이 큼직한 뿌리채소(Brassica napobrassica)는 영국에서는 스웨드로 통한다. 스웨덴 순무 혹은 순무뿌리 양배추라고도 한다. 순무와 친족관계지만, 이 루터베이거 쪽의 맛이 더 우월하다고 생각하는 조리사들이 많다. 다양한 방법으로 조리할 수 있다. 미국 중서부에서는 보통 짓이긴 후 설탕에 조리며, 핀란드에서는 크림, 향료를 넣고 캐서롤을 만든다. 북유럽 원산인 루터베이거는 둥근 모양에 껍질은 거칠다. 오렌지빛 과육은 단맛이 난다. 진녹색 잎은 잘라내고 다시 수확할 수 있는 반복 수확 작물이다. 유용한 추동 채소인 루터베이거는 나무 상자의 촉촉한 모래에 묻어두면 저장이 수월하다. 특히 토종 품종 '빌헴스버거'가 저장성이 높다. 루터베이거의 영양학적 가치를 보면, 비타민 C와 칼륨이 고도로 농축되어 있고 칼로리 지수는 낮다.

글로브 아티초크 손질 및 먹기

글로브 아티초크는 손질과 소비에서 패스트푸드의 정반대라고 할 수 있다. 좋은 작물을 키우려면 인내심이 요구된다(그리고 공간도. 왜냐하면 성숙한 식물 하나는 채마밭에서 꽤나 큰 공간을 차지하는데, 1년이 지나 고작 열 개 정도의 아티초크만 생산될 것이기 때문이다). 부엌의 최고의 음식은 삶에서와 마찬가지로 인내심과 함께 찾아오는 법이다. 호화로운 아티초크도 이 규칙에서 예외가 아니다. 슬프게도, 너무나 많은 사람들이 전체 과정이 품이 지나치게 많이 들 것이라고 생각한 나머지 글로브 아티초크의 조리 및 시식을 미루고 있다. 하지만 아래 설명을 따라 제발 시도해 보시라. 그 맛이 그럴 가치가 있는 맛을 선사하기 때문이다. 아티초크를 먹기까지 필요한 시간과 품 덕분에, 이 경험은 친구와 나눌 만한 아주 다정한 식사가 된다. 더디고 느긋한 과정은 대화를 나누고 즐거움을 공유하기 좋기 때문이다.

1   소금물을 채운 큼직한 그릇에 아티초크를 약 한 시간 거꾸로 담가두어 흙과 숨어 있는 모든 벌레들을 제거한다. 만일 두상화가 작고 빡빡하게 아물려 있다면 이 과정은 필요 없을 것이다.
2   둥그런 두상화에서 줄기를 잡아떼고 섬유질을 모두 제거한다.
3   꽃잎 같은 잎들의 윗부분을 가위로 주의 깊게 도려내서 날카로운 끄트머리를 제거한다.
4   날카로운 칼로 두상화의 윗부분을 베어낸다.
5   소금물을 담은 냄비에서 약 30분 끓이는데, 두상화가 내내 물에 완전히 잠겨 있는지 확인한다(무거운 접시를 위에 덮어 두면 도움이 될 수 있다). 그 시점이면 중심 줄기는 쉽게 떨어져 나갈 것이다. 거꾸로 두어서 물을 빼고 살짝 식힌다.
6   잎 중심의 심을 뽑아내서 한옆에 둔다.
7   이제 심의 털을 긁어내어 버린다.
8   중심의 심을 가운데에 도로 놓고 상에 낸다.
9   먹으려면 잎을 하나씩 잡아떼어 두툼한 아랫부분을 녹인 버터나 비네그레트 드레싱에 찍어서 야금야금 먹는다. 잎의 질긴 부분은 버린다.

방울양배추

BRUSSELS SPROUT

Brassica oleracea var. gemmifera

십자화과 BRASSICACEAE

방울양배추의 정확한 기원은 불분명하지만, 이런저런 설은 분분하다. 분명 유럽 원산이며, 오두막 케일로 통하는 오래된 내한성 양배추 종류로부터 기원했는지 모른다. 방울양배추는 벨기에의 중세 시장 기록에도 보인다. 16세기~17세기 북유럽에서 재배된 것으로 보인다. 그러므로 많이 인용되는 "방울양배추는 1750년 브뤼셀에서 발견되었다"는 주장은 다소 수상쩍어 보인다. 토머스 제퍼슨이 1812년 버지니아 주 몬티첼로의 거대한 텃밭에서 방울양배추를 재배했음에도 불구하고, 이 채소는 1920년대로 들어가기 전까지는 북미에서 대중적 인기를 얻지 못했다.

맛있고 영양 가득한 방울양배추는 사실은 미니 양배추다. 빽빽한 싹들은 모두 굵고 튼튼한 둥치를 따라 자라난다. 이 식물의 꼭대기에서 돋아나는 잎들 역시 거둬서 양배추처럼 조리할 수 있다. 가끔은

〈방울양배추〉 다색 석판화

엘리사 샹팽 (연대 미상)

출처: 빌모랭 화집 / 빌모랭-앙드리외 & 시 (1850~1895)

줄기를 통째로 베어내서 방울양배추들이 아직 붙어 있는 상태로 팔기도 한다. 대부분의 방울양배추의 빛깔은 녹색이지만, '루바인'이라는 재배품종의 잎은 붉은색이다. 항상 꼭 아물려 있는 방울양배추를 골라라. 만일 잎이 헐겁게 풀어져서 누렇게 바래 있다면, 최상의 시점을 지난 것이다. 가볍게 소금 간을 한 끓는 물에서 연해질 때까지만 살짝 조리하거나 쪄라. 하지만 절대 너무 익히지 마라!

메스클랭　　메스클랭은 "모둠 샐러드"나 "샐러드 채소들" 같은 단조로운 문구와는 거리가 한참 멀다. 어떤 샐러드 그릇도 똑같은 것은 없다. 각 그릇마다 유일무이하고, 계절, 장소, 시장 분위기에 따라 완전히 달라진다. 연하고 신선한 잎, 허브, 꽃이 어우러져 달콤하고 쌉쌀한 맛깔스러운 풍미를 내는 데 기여한다. 특별한 별미이거니와 눈과 코도 즐겁다. 하와이에서는 비슷한 모둠 잎채소가 날로 그린으로 통한다.

뽀빠이의 시금치　　시금치를 즐겨 먹는 만화 등장인물 뽀빠이는 1930년대 초 이 채소의 판매를 1/3 증진시켰다. 시금치 산업 관계자들은 너무나 고마웠던 나머지, "세계의 시금치 수도"를 자처하는 아칸소 주 앨마를 비롯 시금치 재배 지역들에 뽀빠이 동상을 몇 개 세웠다. 뽀빠이가 시금치를 먹어 괴력을 발휘했는지 우리는 그저 짐작만 할 수 있을 따름이지만, 그래도 시금치의 짙은 색 잎은 철, 요오드,

카로틴, 엽산, 엽록소가 풍부하다고 알려져 있다.

옥스하트 채소들　　많은 수의 토종 토마토들이 "옥스하트"로 통한다. 하트 모양 열매 때문에 어떤 샐러드 그릇에서도 독특하고 매력적인 고명이 된다. 시중에서 구할 수 있는 '옥스하트에이커'에는 큼직한 분홍빛 열매가 달린다. '옥스하트버크셔'는 메인 군 버크셔 출신이다. 이름을 보면 알 수 있듯 '옥스하트 헝가리언'은 헝가리가 원산지로 부다페스트로부터 20마일 떨어진 작은 마을에서 1902년, 미국까지 먼 길을 왔다! 탁월한 풍미를 자랑하고 씨는 거의 없다시피 한다. 아시아 재배 품종 '옥스하트재패니스'는 1킬로그램이 넘는 토마토를 생산한다. 몇몇 다른 채소 군들에도 옥스하트 재배 품종이 있다. 몇몇 타원형 양배추들은 옥스하트로 통하는데 (가끔 뾰족 머리라고도 한다) 여기에는 '화살촉'과 '얼리저지웨이크필드' 재배 품종이 포함된다. 옥스하트 당근은 오래된 프랑스 토종으로, 너비가 길이와 비슷하게 자라는 짧고 굵은 재배 품종이다.

고추의 비밀　　단 고추에는 칼로리가 거의 없지만 비타민은 풍부하다. 초록 파프리카와 노랑 파프리카는 비타민 A가 많은 반면, 빨강 파프리카는 비타민 C를 함유한다. 매운 고추에는 식물 화학물질이 풍부하다. 고추 내부의 하얀 막을 버리지 마라.

이는 모세혈관을 강화하는 바이오플라노이드의 훌륭한 공급원이기 때문이다.

채소 손질하기

많은 조리법 매뉴얼에 채소를 손질할 때는 단순히 "껍질을 벗기고 다질"게 아니라 적절한 존경심을 가지고 배려해가며 손질 해야 한다고 적혀 있다. 아래는 사려 깊은 조리책의 책장을 넘길 때 마주칠 수 있는 몇 가지 용어들이다.

- 깍둑썰기(다이스) : 약 1.3센티미터 굵기로 세로로 썬 후, 다시 정육면체로 썬다.
- 채썰기(쥘리엔) : 얇게 저민 후, 다시 성냥개비 비슷한 길이로 가늘고 길게 썬다. 이 방법은 특히 당근, 순무, 리크에 적절하다; 채칼이라는 도구를 사용해도 동일한 결과를 얻을 수 있다.
- 채치기(알뤼메트 혹은 파유) : 성냥개비 굵기로 썬 후, 다시 약 5센티미터 길이로 균일하게 썬다. 문자 그대로 "성냥개비" 도는 "짚"을 뜻하는 이 테크닉은 보통 극도로 가느다란 감자를 만들 때 사용한다.
- 말아썰기(시포나드) : 잎채소 한 송이를 돌돌 말아 가늘게 썬다. 시금치와 상추처럼 아주 얇은 잎채소를 썰 때 사용한다.

다채로운 빛깔의 감자들

모든 감자들이 적갈색 껍질에 하얀색 과육을 내보이는 것은 아니다. 당신의 텃밭을 우아하게 만들 수 있는 무지갯빛 재배품종들 몇 가지만 예를 들자. '올블루'는 높은 영양 가치가 있는 페루 감자다. '올레드' 혹은 '크랜베리 레드'는 매력적인 붉은 껍질과 과육을 자랑한다. '퍼플 카우 혼'은 자주색으로 달아오른다. '로즈 핀 애플'는 프랑스 원산으로, 매력적인 노란 과육을 가진 부드러운 식감의 감자다. '샐러드 블루'는 짙푸른 껍질과 찌거나 삶으면 자주색으로 변하는 청자줏빛 과육이다. '샐러드 레드'는 샐러드 블루와 비슷하지만 붉은 과육을 가지고 있다. '셰틀랜드 블랙'은 스코틀랜드 재배 품종으로 푸른 껍질과 푸른 고리가 퍼져나가는 하얀 과육이 있다. '옐로 핀'은 당연히 과육이 노란 재배 품종이다.

오이

CUCUMBER
Cucumis sativas

박과 CUCURBITACEAE

　　오이의 기원은 약 3000년 전 인도의 히말라야 산맥 지대라고 여겨진다. 거기서는 우리의 현대 오이의 야생 선조(Cucumis sativus var. hardwickii)가 여전히 자라고 있다. 이 채소의 2000년까지 거슬러 올라가는 고고학적 화석이 폴란드와 헝가리에서 발견되었다. 고대 그리스인과 로마인이 유럽의 지중해 연안에서 흔히 재배했다. 티베리우스 황제, 대 플리니우스, 콜루멜라 모두 몸을 서늘하고 상쾌하게 해주는 오이(오이의 90퍼센트 이상이 수분이다)를 좋아했다고 알려져 있다. 유럽의 오이 재배는 르네상스 시기까지는 다소 줄어드는 추세였다. 그러다 많은 채소의 경우처럼 콜럼버스가 오이 종자를 신세계로 전했다.

　　오이에는 다양한 품종이 있다. 각각 자신만의 특징을 갖고 있다. 흔한 노지 오이는 하얀색 혹은 검은색 가시가 있다. 온실에서 재배

〈오이〉

에른스트 베나리 (1819~1893)

출전 - 베나리 화집 / 다색 석판화: G. 세브랭

된 것들은 껍질이 매끄러운데, 길쭉한 열매가 열리는 품종에서 발달한다. 종종 영국오이, 온실오이, 유럽오이, 슬라이스오이로도 통한다. 트림방지라는 종류도 있는데, 먹은 후에는 "되새김질"을 덜 하는 경향이 있다. 더 드문 시킴Sikkim 종류는 빨강 혹은 오렌지빛 껍질이 있다. 동그란 오이들은 종종 사과나 레몬 품종이라는 소리를 듣는데, 연한 레몬빛에다 성숙하면 진한 노란색이 되기 때문이다. 작은 것들은 '코니숑' 혹은 '거킨'으로 통하는데, 톡 쏘는 맛 때문에 피클용으로 완벽하다.

홍화채두

RUNNER BEAN
Phaseolus coccineus

●

콩과 FABACEAE

홍화채두는 강낭콩보다 훨씬 뒤인 3세기 멕시코에서 재배되었다고 알려져 있다. 높은 고도에서 자라며, 추운 기후와 폭우를 잘 견디지만 열대 환경과는 맞지 않다. 영국과 미국에서는 "러너"로 통하지만 프랑스인은 아리코데스파뉴, 코스타리카인들은 쿠바 빈이라고 부르며, 멕시코에서는 야요코테, 보틸, 파톨을 비롯 몇 가지 호칭으로 불린다. 17세기 유럽으로 전해졌을 때는 장식용으로 재배되었다.

홍화채두는 엄청난 덩굴식물이어서, 하양, 빨강, 혹은 두 가지 색의 꽃들과 긴 녹색 꼬투리가 원뿔형 혹은 아치형 버팀대를 신속하게 뒤덮는다. 콩은 말릴 수 있는데, 드문 아미노산인 S-메틸시스테인을 함유하고 있으며, 멕시코에서는 뿌리의 약용 성분이 높은 평가를 받는다. 만일 콩을 꼬투리까지 몽땅 먹을 생각이라면 어리고 가냘프고

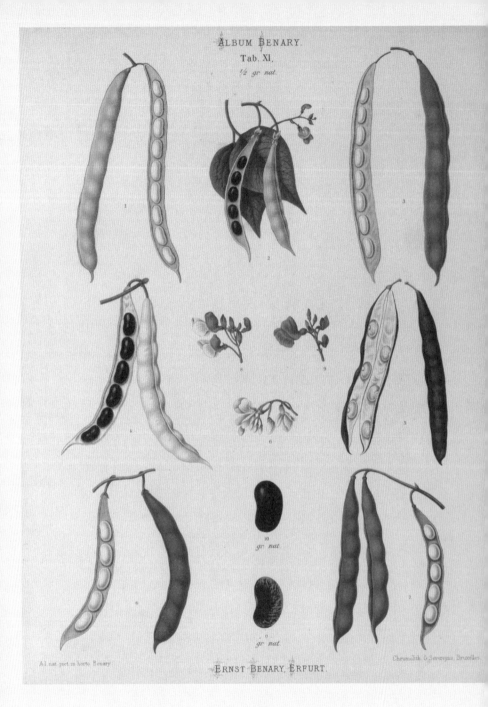

〈홍화채두〉

에른스트 베나리 (1819~1893)

출전- 베나리 화집 / 다색 석판화: G. 세브랭

연할 때 따야 한다. 콩이 성숙하면 껍질은 질겨지며, 꼬투리의 세로선을 따라 끈 같은 줄이 발달하는데 조리 전 제거해야 한다.

가정 재배자가 다양한 토종 재배 품종을 선택할 수 있다. '아스텍 하프 러너'('감자콩' 및 '드워프 화이트 아스텍'으로도 통한다)는 그중 하나로, 커다란 하얀 꽃이 피고 콩도 하얗다. 1890년 도입된 콩으로 고대 아나사지 및 아스텍 사람들로부터 비롯되었다고 여겨진다. 화려한 이름의 '흑기사'는 붉은 꽃이 피며 콩은 검고 커다랗다.

장식용 토마토　　토마토가 영국에 처음 도래한 것은 16세기지만, 조심성 많은 영국 남녀가 이를 맛있게 먹기 시작하기까지는 300년이 더 걸렸다(말장난은 부디 양해하시기를). 처음에는 장식용 열매로 재배되었다. 붉은 재배 품종뿐 아니라 노란 품종도 장식용으로 최고라고 여겼다. 토마토의 프랑스어 이름은 '폼 다모르'인데, 영국인이 토마토에 최음제 성분이 있다며 두려워한 이유는 어쩌면 이 "사랑의 사과"라는 별명 때문일지 모른다.

웨일스 속담　　삼월에는 리크를, 오월에는 마늘을 먹으라, 그러면 그해 나머지 달 동안 의사는 노닥거릴 수 있으리니.

---

*　relish에는 '맛'이라는 뜻과 함께 "과일이나 채소로 만든 소스"라는 뜻도 있다.

오이에 대한 몇 가지 사실　오이밭의 옛 전설에 의하면, 너무 신선한 종자를 파종하면 맛은 쓰고 껍질은 질긴 오이가 생산된다. 때문에 오이 종자를 몇 년씩 보관했다. 그러다 파종되기 전에 다양한 조재액에 담갔다. 조재액에는 양젖, 꿀, 꿀술이 포함되었다. 로마인은 확실히 휘거나 굽은 것보다는 곧은 오이를 좋아했다. 그래서 오이 열매가 열리기 시작하면 속이 빈 갈대를 부착했고, 오이는 길고 표준적인 모양이 되었다. 19세기 영국 재배자들은 오이 모양을 잡는 보다 세련된 형태를 개발했다. 이런 온갖 이야기들 중 가장 희한한 것은 엘리자베스 시대 사람들은 천둥이 오이를 더 구부러지게 만든다고 믿었다는 것이다!

행운의 완두콩　고대 노르웨이 전설에 의하면, 완두콩은 토르 신이 지상에 전했다. 그래서 완두콩은 토르의 이름을 딴 날인 목요일(Thursday)에만 먹어야 했다. 완두콩 껍질을 벗길 때는 콩이 한 알만 든 꼬투리가 있는지 유심히 살펴보아야 한다. 이것을 보관하면 아주

운이 좋다고들 하기 때문이다(만일 배가 고픈 것만 아니라면 말이지).
아홉 알이 든 꼬투리 역시 행운을 가져온다.

닙스 앤드 태티스　　'닙'은 루터베이거의 스코틀랜드어로, 영국에서
는 스웨드로 불리는 뿌리채소다. 닙스 앤드 태티스(매시드 포테이토의 사
투리)는 해기스에 전통적으로 곁들이는데, 스코틀랜드 명절인 번스
나이트(1월 25일)에 차려진다. 조리법이 다양하다. 공통적으로 버터와
넛멕이나 생강가루 같은 약간의 향신료를 넣는다. 물론 위스키 한 잔
으로 씻어내리는 것도 잊지 말자.

달라지는 빛깔들　　많은 재배자들이 특별한 빛깔의 콩을 재배하고
싶어 한다. 아름다운 노란색 및 자주색 재배품종을 구할 수 있는데,
초록색 콩만 재배할 이유가 뭐 있겠는가? 노란색이나 자주색 꼬투리
는 초록색 잎 사이에서 찾기도 수월하다. 하지만 이런 콩의 색은 흔
히 조리 후에 변한다. '자줏빛 여왕'과 '자줏빛 버팀대'는 줄기에 달려
있을 때는 자주색이지만 조리되면 초록색으로 바뀐다(하지만 조리할 때
물에 소금을 약간 넣으면 자주색을 어느 정도 보존할 수 있다고 한다). 자주색인
스프라우팅 브로콜리는 조리 과정 중에 초록색으로 바뀐다.

착한 왕 앙리　　굿 킹 앙리는 영양가 높은 잎채소이다. 유럽 정착민들이 조리 허브 용도로 미국에 도입했다. 종자를 구매해 텃밭에서 키울 수 있지만, 야생에서도 자라며 식물 채집을 하는 사람들이 찾고 싶어 하는 허브다.

어린잎은 시금치와 꽤나 비슷해서 날로 혹은 조리해서 먹는다. 시금치보다 더 널리 재배할 만한 가치가 있다고 할 수 있다. 영국 수은, 명아주, 링컨셔 시금치, 스피어워트, 가난한 이의 아스파라거스, 살진 암탉, 구두장이의 뒤꿈치 등, 무엇을 뜻하는지 알기 힘든 다양한 별명이 있다.

학명과 통칭

여기에 가장 대중적인 채소들의 학명(과, 속, 종) 및 통칭을 소개한다.

부추과 Alliaceae

속	종	통칭
ALLIUM	ascalonicum	샬롯 Shallot
	cepa	양파 Onion
		파 Spring onion, 그린어니언 green onion,
		샐러드양파 salad onion, 스캘리언 scallion
	cepa aggregatum	감자양파 Potato onion,
		멀티플라이어양파 multiplier onion
	cepa proliferum	이집트나무양파 Egyptian tree onion,
		보행양파 walking onion
	cepa fistulosum	웨일스양파 Welsh onion,
		일본양파 Japanese onion
	porrum	리크 leek

비름과 Amaranthaceae

CHENOPODIUM	bonus-henricus	굿킹앙리 Good King Henry, 명아주 goosefoot,
		영국수은 English mercury, 살찐암탉 fat hen
		링컨셔시금치 Lincolnshire spinach,
		구두장이의뒤꿈치 shoemaker's heels,
		스피어워트 spearwort
SCALICORNIA	europaea	습지샘파이어 Marsh samphire,
		유리초 glasswort

미나리과 APIACEAE

APIUM	graveolens	셀러리 Celery
	graveolens var.rapaceum	셀러리악 Celeriac,
		셀레리라베 celeri rave, 뿌리셀러리 celery root,

		독일셀러리 German celery,
		흑셀러리 knob celery
CRITHMUM	maritimum	바위샘파이어 Rock sampnire,
		갯아스파라거스 sea asparagus, 갯피클 sea pickle
DAUCUS	carota	당근 Carrot
FOENICULUM	vulgare var.dulce	회향 Fennel, 플로렌스펜넬 Florence fennel
PASTINACA	sativa	파스닙 Parsnip
PETROSELINUM	crispum	함부르크파슬리 Hamburg parsley,
		파슬리뿌리 parsley root, 수프파슬리 soup parsley,
		순무뿌리파슬리 turnip rooted parsley

국화과 Asteraceae

CICHORIUM	intybus	아스파라거스치커리 Asparagus chicory,
		솔방울치커리 pine cone chicory,
		카탈로냐 Catalogna, 라디케타 radichetta
	intybus var.latifolia	치커리 Chicory, 엔다이브 endive,
		에스카롤 escarole, 라디키오 radicchio,
		위트루프 Witloof
CYNARA	cardunculus	카르둔 Cardoon, 텍사스셀러리 Texas Celery
	scolymus	글로브아티초크 Globe artichoke
HELIANTHUS	tuberosus	예루살렘 아티초크 Jerusalem artichoke,
		sunchoke, girasole
LACTUCA	sativa	상추 Lettuce
	sativa var.asparagina	줄기상추 Asparagus lettuce, 셀터스 celtuce,
		중국상추 Chinese lettuce, 줄기상추 stem lettuce
SCORZONERA	hispanica	쇠채 Scorzonera, 흑굴초 black oyster plant,
		검은서양우영 black salsify, 독사초 viper's grass
		스페인서양우엉 Spanish salsify
TRAGOPOGON	porrifolius	서양우엉 Salsify, 굴초 oyster plant,
		채소굴 vegetable oyster

십자화과 Brassicaceae

ARUCA	versicaria	아루굴라 Arugula, 로켓 rocket, 로쿨라 rocula,
		루굴라 rugula

ARMORACIA	rusticana	서양고추냉이 Horseradish
BARBAREA	praecox	아메리칸크레스 American cress, 벨아일 Belle Isle,
		가든/랜드/윈터크레스 garden/land/winter cress
BRASSICA	napa var.napobrassica	루타베가 Rutabaga, 스웨드 swede,
		스웨덴순무 Swedish turnip,
		순무뿌리양배추 turnip-rooted cabbage
	oleracea var.botrytis	콜리플라워 Cauliflower,
		캐비지플라워 cabbage flower,
		콜플라워 coleflower
	oleracea var.capitata	양배추 Cabbage
	oleracea var.gemmifera	방울양배추 Brussels sprout
	oleracea var.gongylodes	콜라비 Kohlrabi, 양배추순무 cabbage turnip
	oleracea var.italica	칼라브리즈 Calabrese, 브로콜리 broccoli
	oleracea var.rapifera	순무 Turnip
CRAMBE	maritima	갯배추 sea kale, 슈마린 chou marin
LEPIDIUM	sativum	크레스 Cress, 잉글리시크레스 English cress,
		가든크레스 garden cress, 랜드크레스 land cress
NASTURTIUM	officinale	워터크레스 Watercress,
		브라운크레스 brown cress,
		털나스투리툼 tall nasturtium
RAPHANUS	sativus	무 Radish
SINAPSIS	alba	백겨자 Mustard

명아주과 Chenopodiaceae

ATRIPLEX	hortensis	오리츠 Orache, 사랑의양배추 cabbage of love,
		텃밭의착한숙녀 good lady of the garden
BETA	vulgaris	비트 Beet, 로메인베트 Romaine bette
	vulgaris subsp.cicla	근대 Swiss chard, 잎시금치 leaf spinach,
		실버비트 silver beet, 백시금치 white spinach,
		근대 chard
SPINACIA	oleracea	시금치 Spinach, 유럽아욱 mallow of the Europeans

메꽃과 Convolvulaceae

IPOMOEA	batatas	고구마 Sweet potato, 마 yam,

스페인감자 Spanish potato

박과 Cucurbiaceae

CUCUMIS	sativus	오이 Cucumber, 거킨 gherkin, 코니숀 cornichon
CUCURBITA	pepo(여러 종)	주키니호박 Zucchini, 쿠르제트 courgette
LUFFA	cylndrica	수세미오이 Luffa, 행주수세미 dishcloth luffa,
		중국오크라 Chinese okra,
		스펀지박 sponge gourd

마과 Dioscoreaceae

DIOSCOREA	bulbifera	둥근마 Air potato, 큰마 greater yam,
		물마 water yam, 백마 white yam,
		날개마 winged yam

콩과 Fabaceae

LOTUS	teragonolobus	아스파라거스콩 Asparagus pea,
		날개새발삼엽초 winged bird's-foot trefoil
PHASEOLUS	coccineus	홍화채두 Runner bean, 아요코테 ayocote,
		보틸 botii, 쿠바 cuba,
		아리코데스파뉴 haricot d'Espagne, 파톨 patol
	lunatus	리마빈 Lima bean, 버터빈 butter bean
	vulgaris	강낭콩 French bean, 해리코트 haricot,
		플래절 릿 flageolet
PISUM	sativum	완두콩 Pea, 셸링피 shelling pea,
		깍지완두 mangetout, 슈거스냅 sugarsnap
		잉글리시/그린/스노 English/green/snow
VICIA	faba	잠두 Broad bean, 파바 fava
VIGNA	unguiculata	남부콩 southern pea,
		동부콩 blackeye, cowpea, 크라우더 crowder,
		야드롱빈 yard-long beans

백합과 Liliaceae

ASPARAGUS	officinalis	아스파라거스 Asparagus, 산호초 coralwort,
		스패로그래스 sparrow-grass

아욱과 Malvaceae

| ABELMOSCHUS | esculentus | 오크라 Okra, 검보 gumbo, 귀부인의손가락 lady's fingers |

벼과 Poaceae

| ZEA | mays | 옥수수 corn, 메이즈 maize, 스위트콘 sweetcorn |

마디풀과 Polygonaceae

| RHEUM | rhaponticum | 대황 Rhubarb, 파이플랜트 pie-plant |

가지과 Solanaceae

CAPSICUM	annuum	피망 Bell pepper, 왁스 wax, 카엔 cayenne, 할라페뇨 Jalapeños
	chinense	고추 Chile pepper, 하바네로 habañero, 스코치보닛 Scotch bonnet
LYCOPERSICON	lycopersicum	토마토 Tomato, love apple
SOLANUM	melongena	가지 Eggplant, 사랑의사과 apples of love, 미친사과 mad apple, 빈잘 binjal
	macrocarpon & aethiopicum	비터에그플랜트 Bitter eggplant
	tuberosum	감자 Potato

용어해설

1년생 식물(Annual) : 파종되고, 싹트고, 꽃이 피고, 종자가 맺히고, 수명을 다하는 게 한 해 안에 이루어지는 식물

탈색(Blanch) : 식물이 자라는 동안 잎이나 줄기에 햇빛이 차단된다. 이는 잎과 줄기가 내내 연하도록 하며, 식용 식물이 쓴 맛이 나는 것을 방지한다.

생물역학(Biodynamic) : 달의 위상 변화에 맞춰 식물을 파종하고, 심고, 가지치고, 수확하는 시스템.

꽃종서기(Bolt) : 식물이 아직 잎을 발달시켜야 할 시기에 너무 일찍 꽃과 종자를 맺는 것을 꽃종서기라고 한다.

브라시카(Brassica) : 배추속 식물

관목(Bush) : 관목식물 품종은 줄기가 긴 덩굴식물과는 대조적으로 줄기는 짧고, 나지막하게 자란다.

치팅(Chitting) : 씨감자를 땅에 심기 전 빛에 노출시켜서, 튼튼한 싹을 내도록 북돋우는 절차. 싹내기(Sprouting)라고도 한다.

덩굴식물(Climber) : 덩굴식물 품종에서는 높은 버팀대를 타고 올라가는 긴 줄기가 생긴다.

동반심기(Companion plating) : 해충을 막는다던가, 생장을 촉진한다던가, 맛을 좋게 한다던가, 각각 서로에게 이롭다고 여겨지는 식물들을 나란히 재배하는 것.

윤작(Crop rotation) : 토양의 질병 및 해충을 북돋우는 것을 피하기 위해, 채소를 3~4년 주기로 엄격하게 돌아가며 재배하는 것.

타화(他花)수정(Cross-fertilization) : 타화수분(Cross-pollination)이라고도 함. 곤충 혹은 인간의 개입에 의해서 꽃가루가 한 식물에서 다른 식물로 전해지는 것을 말한다.

재배품종(Cultivar) : 어떤 식물의, 다른 것들과는 구별되는 특질을 지닌 경작 품종.

반복수확 작물(Cut-and-come-again crop) : 보통은 특정한 상추 종류들에만 적용되는 개념. 반복수확 작물은 땅 바로 위에서 잘라내어 수확할 수 있다. 그리고 놔두면 식물에 다시 싹이 나고 자라나서 반복 수확 가능하다.

북돋우기(Hilling up) : 성장 중인 식물의 밑동 둘레에 흙을 쌓아올리는 절차. 식물을 탈색하거나, 아니면 바람에 흔들리는 것을 막아서 뿌리 형성을 촉진하는 데에 사용된다.

고랑(Furrow) : 식물을 심기 전 준비된 땅에 판 야트막한 선형 홈.

속(Genus) : 식물의 (종 다음인) 두 번째 세부 분류로, 식물 군이 "과" 내에서 어디에 속하는지 결정한다. 복수형은 genera.

추위 적응(Hardening off) : 실내에서 기른 어린 식물을 낮 시간의 기온에 서서히 노출시켜 추운 외부 환경에 적응시키는 것.

내한성 식물(Hardy) : 보호 없이도 계절의 변화를 견딜 수 있는 식물

토종(Heirloom) : 미국에서 이 개념은 대부분 오래 살아남은 자연수분 재배품종들을 설명할 때 사용된다. 1950년대 이전으로 거슬러 올라가는 품종들의 태반은 대규모 상업 농업 생산의 일부로는 재배되지 않는다. 현재는 많은 재배자들이 그런 귀중한 품종들을 보존하기 위해서 자신의 작물로부터 종자를 갈무리해서 비슷한 생각의 재배자들과 교환하고 있다. 종자 보존자 및 교환자가 되고 싶다면 www.seedsavers.org 및 www.gardenorganicorg.uk를 방문하라.

온상(Hot bed) : 어린 식물의 성장을 촉진하기 위해 특별히 준비된 묘상. 열을 발생시키기 위해 잘 부패된 거름으로 비옥하게 만든다. 다른 방법으로는 유리 혹은 비닐판을 사용해서 태양으로부터 오는 열을 가두는 것도 있다.

온실(Hot house) : 비내한성 및 열대성 식물을 재배하기 위해서 플라스틱이나 유리 소재로 지어 인공적으로 난방하는 시설.

콩과식물(Legume) : 콩과(Fabaceae 혹은 Leguminosae)에 속하는 식물. 완두콩과 콩처럼 꼬투리 속에 종자가 맺힌다.

주작물(Maincrop) : 재배철이 한창일 때 오랜 기간 경작하는 채소.

메스클랭(Mesclun) : 다양한 잎채소 및 허브로 만든 샐러드 모듬.

뿌리덮개(Mulch) : 퇴비, 나무껍질, 거름 같은 유기물의 두터운 층. 땅 표면에 덮어서 수분을 보존하고 잡초를 억제하며 토양을 비옥하게 만든다.

자연수분(Open-pollination) : 자연적인 방법으로 이루어지는 식물 수분. 한 식물에서 다른 식물로의 꽃가루 이동이 예를 들어 곤충이나 바람에 의해 이루어진다.

다년생 식물(Perennial) : 세 계절 이상을 생존하는 식물로, 여러 해를 사는 경우도 종종 있다.

조리허브(Pot herb) : 약용보다는 주로 조리용으로 유명한 허브.

스코빌 척도(Scovile Scale) : 고추의 캡사이신 화합물 농도를 측정하는 데에 사용되는 매운 정도의 척도.

세트(Set) : 심어서 자라게 할 양파 또는 샬럿의 미성숙한 구근이나, 아니면 감자의 덩이줄기에 사용하는 개념.

종(Species) : 하나의 속('속'을 참조하라)에 속하는 개별 식물 종류 혹은 밀접한 친족관계의 식물 품종들의 분류에 사용하는 개념으로 가장 세밀한 분류 단계다. 기원식물의 독특한 특성들은 종자로부터 보존되어 전해진다. 약어 "spp." 및 "subsp"는 각각 종(복수형) 및 아종(亞種)을 말한다.

연속파종(Successional sowing) : 급속히 성숙하는 채소를 성장 철 내내 일정한 간격을 두고 파종하는 방법. 신선한 생산물을 계속적으로 공급하기 위해서다.

곧은뿌리(Tap root) : 식물의 아래쪽으로 자라는 주근(主根)

솎아내기(Thinning out) : 작은 모종들을 제거해서 너무 빽빽하게 자라는 것을 피하고 남은 식물들이 활기차게 자라도록 촉진하는 것.

경작성(Tilth) : 최고의 종자 파종의 환경을 제공하는 곱게 갈퀴질된 표면 토양층. 또한 토성을 뜻하기도 한다.

품종(Variety) : 특정한 식물 재배품종을 엄밀하지 않은 방식으로 설명할 때 종종 사용되는 개념. 예를 들어 홍화채두 중 '화장한 귀부인" 품종이라는 식이다. 어떤 식물의 학명에서 약어 "var"는 한 종의, 아종 수준 아래의 구분을 말한다.

감사의 글

내가 사랑하는 주제에 대해 책을 쓸 기회를 준 것에 대해, 그리고 그 과정에서 도움, 지원, 격려를 해준 것에 대해 아이비프레스에게 깊이 감사한다. 이 모든 라틴어 이름들을 정리하는 과제에 맞서(나의 강점은 아니다!) 스테파니 에반스가 보여준 전문적 식견, 참을성, 관용에 대해서는 따로 꼽아 특별히 감사해야 할 것이다.

너무나 매혹적이고 우아한 서문을 써준 것에 대해 데이비드 휠러에게 큰 감사를 드린다.

내가 만일 영국 왕립원예학회의 런던 린들리 도서관의, 원예 관련이라면 타의 추종을 불허하는 장서들을 접하지 못했다면 이 책을 쓸 수 없었을 것이다. 이 경이로운 자산들로 가득한 책장들은 언제나 흥미롭고 뜻밖인 보석 같은 저작들을 내주었다.

내 자신이 소장한 장서들 중 보고 또 본 한 권의 책이라면 도미니크 기예(Dominique Guillet)의 '코코펠리의 종자들'이다. 프랑스 단체인 코코펠리(이전에는 '종자의 땅의 유기농 종자'라고 했다)는 생물다양성을 옹호하고 전통 과일 및 채소 품종들을 지키는 데에 헌신하는, 존경받을 만한 비영리 조직이다.

도판 저작권

세밀화로 보는

채소의 역사

초판 1쇄 인쇄 2013년 3월 15일
초판 1쇄 발행 2013년 3월 21일

지은이 로레인 해리슨
옮긴이 정은지
펴낸이 김선식

Chief editing creator 김현정
Editing creator 백상웅, 유희성
Design creator 박효영
Marketing creator 이주화

2nd Creative Story Dept. 김현정, 박여영, 최선혜, 유희성, 백상웅
Creative Design Team. 박효영, 이나정, 조혜상, 손은숙
Creative Marketing Dept. 이주화, 백미숙
       Communication Team 서선행
       Online Team 김선준, 박혜원, 전아름
       Contents Rights Team 김미영
Creative Management Team 김성자, 송현주, 권송이, 윤이경, 김민아, 한선미

펴낸곳 (주)다산북스
주소 경기도 파주시 회동길 37-14 3층
전화 02-702-1724(기획편집) 02-6217-1724(마케팅) 02-704-1724(경영지원)
팩스 02-703-2219
이메일 dasanbooks@hanmail.net
홈페이지 www.dasanbooks.com
출판등록 2005년 12월 23일 제313-2005-00277호

필름 출력 (주)현문
종이 월드페이퍼(주)
인쇄·제본 (주)현문

ISBN 978-89-6370-954-3 (03480)